金牌地道
特色菜

吴建达◎编著

U0222400

河北出版传媒集团

河北科学技术出版社

图书在版编目（CIP）数据

金牌地道特色菜 / 吴建达编著 . -- 石家庄 ：河北
科学技术出版社，2015.11
ISBN 978-7-5375-8146-2

Ⅰ. ①金… Ⅱ. ①吴… Ⅲ. ①菜谱 Ⅳ.
① TS972.12

中国版本图书馆CIP数据核字(2015)第300777 号

金牌地道特色菜

吴建达　编著

出版发行	河北出版传媒集团　河北科学技术出版社	
地　　址	石家庄市友谊北大街 330 号　（邮编：050061）	
印　　刷	三河市明华印务有限公司	
经　　销	新华书店	
开　　本	710×1000　1/16	
印　　张	10	
字　　数	150 千字	
版　　次	2016 年 1 月第 1 版	
	2016 年 1 月第 1 次印刷	
定　　价	32.80 元	

前　言

随着时代的进步，人们对生活品质的要求越来越高，吃、穿、住、行概莫能外。日常饮食与人体的健康状况息息相关，人们已开始重视食品种类和营养的搭配。如今，食品安全问题也受到普遍关注，为了饮食健康，许多人更青睐以自己烹饪的方式来表达对家人的关爱。自己烹制美食，不仅可以维护健康，也能提升家人之间的融合度，提高家庭生活的幸福和美满指数。

为了让大家在烹饪时能有据可依，以便更轻松地制作出受家人欢迎的美食，同时充分享受烹饪的乐趣，我们特意编写了这套菜谱。为满足各类人群、各个年龄段对饮食的不同需求，适合个人口味偏好，本套菜谱编写范围较广，包含家常菜、小炒、私房菜、特色菜、川菜、湘菜、东北菜、火锅、主食、汤煲等，不一而足，希望能够满足各类读者对于美食的独特需求。

我们力求让读者一读就懂，一学就会，一做便成功。书中详尽介绍了食物制作所需的主料与配料，并对操作步骤进行了细致地讲解，同时关于操作过程中需要注意的事项也重点阐述。即便您从来没有下过厨房，也可以在菜谱的帮助下制作出美味可口的菜品。

在教您烹饪的基础上，我们对食材与菜品的营养成分进行了解析，以帮助您选择适合家人营养需求与口味的菜肴。希望可以让您吃得健康、吃得明白。

另外，我们为每道菜都配有精美的图片，在掌握制作方法的同时，给您带来一场视觉上饕餮盛宴。看着令人垂涎欲滴的图片，想必您一定能胃口大开，在享受美食的同时，体会到烹饪带给您的巨大乐趣。

　　美味的食物不仅可以给您带来味蕾上的满足感，更重要的是每一种食物都蕴藏着养生的智慧。希望在您享受美食的过程中，您的体质与生活质量都能得到更好的改变。

　　在这套菜谱的编写过程中，我们请教了烹饪大师、营养师等相关人士，他们给予了我们极大的帮助，在此表示深深的谢意。然而，我们的水平有限，书中难免出现疏漏之处，敬请读者指正。在此一并表示感谢！

目 录
CONTENTS

Chapter 1
美味猪肉 ··· 1

Chapter 4 鲜香水产 83

美味猪肉

黄豆拌猪尾

主料 猪尾 250 克，黄豆（泡发）200 克，小油菜 2 棵

配料 八角、香叶、干辣椒、桂皮、老抽、鸡精、白糖、盐、黄酒、高汤各适量

·操作步骤·

① 猪尾去毛洗净，斩段，焯水；小油菜洗净切开。

② 锅中放高汤、盐、鸡精、白糖、八角、香叶、干辣椒、桂皮、老抽、黄酒、黄豆、猪尾烧开；转小火焖煮半小时，待汤汁收干关火。

③ 另起锅烧水，小油菜入沸水中焯熟，投凉后沥干水分。

④ 小油菜垫在盘底，盛入黄豆、猪尾即可。

·营养贴士· 猪尾皮多、胶质重，有补腰力、益骨髓的功效。

红油拌口条

主料 猪舌 500 克

配料 香油、辣椒油、酱油各 10 克，白糖 8 克，盐、味精各 5 克，葱花适量

·操作步骤·

① 猪舌刮净舌苔，洗净。

② 猪舌放进锅中煮熟，捞出晾凉。

③ 辣椒油、白糖、酱油、香油、盐、味精、葱花调成味汁，搅拌均匀。

④ 猪舌切片，放入容器中，加入味汁，拌匀即可。

·营养贴士· 此菜具有健脾开胃、气血双补的功效。

麻辣肚丝

主 料▶ 猪肚 1 个

配 料▶ 葱段、姜片、蒜末、醋、糖、红油、
花椒粒、香油、辣椒酱各适量，盐
少许

·操作步骤·

① 猪肚择洗干净，入开水，焯 3 分钟左右，
捞出用温水冲洗干净。

② 将猪肚放入锅中，加入没过猪肚的水，
放入葱段、姜片和适量花椒粒，水开后
改小火煮约 90 分钟，待猪肚熟后捞出，
晾凉切丝。

③ 取一空碗，放入盐、醋、蒜末、糖、红油、
香油、花椒粒、辣椒酱调成调料汁。

④ 挑出花椒粒，将调料汁淋在猪肚上拌匀
即可。

·营养贴士· 猪肚富含钙、钾、钠、镁、
铁等元素和维生素 A、维生
素 E、蛋白质、脂肪等成分。

·操作要领· 为了使菜更香，可以在少许
油中慢慢将花椒粒炸熟，
然后倒进其他调料，冷却
后再淋到猪肚上。

炸芝麻里脊

主 料 猪里脊肉 500 克

配 料 鸡蛋 1 个，芝麻、葱、姜、料酒、盐、味精、香油、淀粉、植物油各适量

·操作步骤·

① 葱、姜洗净分别切末；淀粉加适量水调匀成水淀粉；里脊剔去筋，洗净，切成大片，放碗内，加葱末、姜末、料酒、盐、味精、香油腌渍一下，再加入鸡蛋和水淀粉，拌匀。

② 将芝麻放入大盘内，将里脊逐片放入，两面都沾满芝麻，用手按实。

③ 锅倒植物油烧热，逐片将里脊下入油内炸透捞出，待油温升至八成热时，再将里脊投入油内炸至呈金黄色时捞出沥油，晾凉后切条即可。

·营养贴士· 猪肉可以滋养脏腑、滑润肌肤、补中益气。

荷叶粉蒸肉

主 料 五花肉 300 克，蒸肉粉 140 克

配 料 荷叶 2 张，葱 1 棵，姜 1 小块，香油、酱油、料酒、甜面酱、五香粉、白糖各适量

·操作步骤·

① 五花肉洗净切厚片；荷叶用热水烫软；葱、姜洗净，分别切丝。

② 将酱油、甜面酱、白糖、料酒、葱丝、姜丝、五香粉、香油放入装肉片的盆内，拌匀腌 30 分钟，再加蒸肉粉拌匀。

③ 拿一个蒸菜用的碗，铺上荷叶，把拌好的肉片放在碗里铺平后，放入蒸锅里蒸至肉片熟烂，取出扣在盘中即可。

·营养贴士· 此菜含有丰富的优质蛋白质。

花生**肉皮冻**

主 料 猪皮、花生各适量

配 料 花椒、八角、桂皮、
葱、姜、干辣椒、
胡椒粉、盐各适量

·操作步骤·

① 猪皮洗净，冷水入锅，大
火煮至能用筷子轻易扎透
时捞出，趁热刮去肥油，
切成细条。

② 花生用清水浸泡 2 个小时
以上，剥掉红衣；花椒、
八角、桂皮、干辣椒做成
调料包。

③ 把猪皮条、花生、调料包、
葱、姜一起放入锅中，加
入 2 倍的清水，大火煮至
水分消耗一半，改中火继
续煮，至汤汁十分黏稠，
挑出葱、姜、调料包，加
入盐、胡椒粉调味后关火。

④ 装入容器，凉透后放入冰
箱冷藏定形，吃时切块即
可。

·营养贴士· 猪皮对人的皮肤、筋腱、骨骼、毛发都有
重要的保健作用。

·操作要领· 吃的时候，蘸上用醋、生抽、蒜蓉、辣椒
油、香油调的调味汁更美味。

清蒸狮子头

主 料 五花肉 300 克，马蹄 100 克，油菜适量

配 料 鸡蛋 1 个，枸杞 2 克，料酒 15 克，淀粉 10 克，清汤 1 碗，盐、胡椒粉、味精各少许

· 操作步骤 ·

① 油菜洗净，用热水焯烫后，对切成两半，放入碗中，加少许清汤；马蹄切丁，五花肉切粒。

② 将马蹄丁、五花肉粒放入盆中，加盐、料酒、胡椒粉、味精、鸡蛋液、淀粉搅打上劲儿，用手团成球状，即成狮子头。

③ 制好的狮子头，入笼蒸 60 分钟，取出放入步骤①的碗中，最后撒上枸杞即可。

· 营养贴士 · 马蹄中含的磷是根茎类蔬菜中较高的，能促进人体生长发育和维持正常的生理功能，而且能促进牙齿、骨骼的发育。

坛子肉

主 料 带皮五花肉 1 块

配 料 冰糖 15 克，肉桂 5 克，大葱、姜各 10 克，酱油 10 克，香葱适量

· 操作步骤 ·

① 肉块洗净，在皮上切十字花刀（不要太深），入沸水锅中焯 5 分钟捞出，用清水冲洗干净。

② 大葱切成 4 厘米长的段，姜切成大片，用麻绳捆好；香葱切花。

③ 把肉块放入瓷坛子中，加冰糖、肉桂、葱段、姜片、酱油及清水，以浸过肉块为度，用盘子盖严坛子口，置中火上烧开 5 分钟，改微火煨炖约 3 小时，至汤浓肉烂盛出，撒上香葱花即可。

· 营养贴士 · 此菜含有丰富的蛋白质及脂肪、糖类、钙、铁、磷等成分。

松仁**小肚**

主料 去皮五花肉 500 克，松仁 50 克，猪小肚适量

配料 淀粉 80 克，肉桂粉、砂仁、鸡精、花椒粉各 5 克，姜末 30 克，香油 10 克，锯末、盐、白糖各适量

·操作步骤·

① 五花肉洗净，切成长 5 厘米、宽 3 厘米、厚 1 厘米的片，放入一个大碗内，加入除白糖、锯末外的辅料及适量清水拌匀，不停搅拌直至馅料呈黏性状态。

② 小肚洗净，控干水分，灌入七成左右的馅料，扎好皮后，捏均匀后压扁；剩余馅料按此做法灌好。

③ 灌好后洗净小肚表面，放入加有盐的沸水锅中，水开后改中小火，其间每半小时左右扎针放气一次，控尽肚内油水，并翻动几次，撇除浮沫，煮制大约 2 小时后关火。

④ 熏锅内放入白糖和锯末，小肚放入熏屉进行熏制，8 分钟后出锅晾凉，食用时切片即可。

·营养贴士· 松仁富含蛋白质、糖类、脂肪。

·操作要领· 搅拌馅料时加入云南肉桂粉，制作的菜品中便有了清新的香气，让人食而不腻，更利于下饭开胃。

萝卜炖猪肚

主料 猪肚250克,白萝卜150克

配料 料酒20克,葱花、姜片各10克,盐5克,药包(内含萝卜子、麦芽、神曲、陈皮、茯苓各6克,苍术、藿香、甘草各3克,山楂9克)1个

·操作步骤·

① 猪肚洗净,切成长3厘米、宽2厘米的薄片。

② 白萝卜洗净去皮,切成薄片。

③ 猪肚、药包、姜片、料酒、盐一起放入砂锅内,加水800克,以旺火烧沸,再用中小火炖煮20分钟。

④ 放入白萝卜片,继续炖煮至萝卜熟,撒上葱花即可。

·营养贴士· 猪肚具有治虚劳羸弱、泄泻、下痢、消渴、小便频数、小儿疳积的功效。

港式叉烧肉

主料 猪肉500克

配料 叉烧酱150克,葱、姜各8克,花雕酒、酱油各10克,盐5克,葱花、植物油各适量

·操作步骤·

① 猪肉洗净后切成大片,葱切段,姜切片。

② 将肉片用花雕酒、盐、葱段、姜片和酱油腌20分钟。

③ 锅中放植物油,五成热时,转中火,放入肉片炸至变色后捞出。

④ 锅中留底油,爆香腌肉片用的葱段、姜片;放入叉烧酱,小火慢炒,出香味后倒入清水,大火烧开;再放入炸好的肉片,转小火慢熬至肉片上色;最后大火收干汤汁,撒上葱花即可。

·营养贴士· 此菜具有补肾养血、滋阴润燥等功效。

锅包肉

主料 猪里脊肉 500 克，鸡蛋 3 个

配料 水淀粉 300 克，油、葱、姜、蒜蓉、白糖、白醋、盐、生抽各适量，香菜梗、胡萝卜各少许

·操作步骤·

① 胡萝卜、葱、姜洗净切丝；香菜梗洗净切段；白糖、白醋、生抽、盐调成味汁；猪里脊肉切大片。

② 水淀粉加蛋清调成面糊，将肉片放在里面均匀地裹上一层面糊（不要太厚）。

③ 锅倒油烧至五六成热时，一片片下入裹好面糊的肉片，中火炸熟，捞出；将火调至大火，放入炸过的肉片，炸至焦脆捞出。

④ 锅中留少许底油，放入葱丝、姜丝、香菜段、胡萝卜丝、蒜蓉翻炒至熟，再放入炸好的肉片翻炒均匀，淋入味汁，以水淀粉勾芡，大火快速翻炒均匀即可。

·营养贴士· 此菜具有补虚强身、滋阴润燥的功效。

·操作要领· 里脊肉片的厚度 2~3 毫米，不能太薄，太薄就炸干了。

焦熘里脊片

主料 猪里脊肉 200 克

配料 鸡蛋 1 个，清汤 200 克，醋 15 克，酱油 5 克，湿淀粉 50 克，葱末、蒜末各 3 克，盐 2 克，花生油适量，姜末少许

·操作步骤·

① 猪里脊肉洗净切成长片，加入鸡蛋清、盐、湿淀粉抓匀。

② 锅中热油，煎炸里脊片至熟。

③ 锅中留底油，加入葱末、姜末、蒜末爆香，倒入清汤、醋、酱油烧沸，用湿淀粉勾芡后倒入里脊片，翻炒均匀即可。

·营养贴士· 此菜富含维生素 B_1，维生素 B_1 与神经系统的功能关系密切，能改善产后抑郁症状，还能消除人体疲劳。

金陵**丸子**

主料 猪肉 500 克，小油菜 200 克

配料 鸡蛋 1 个，姜、葱、料酒、盐、淀粉、味精、胡椒粉、鸡粉、花生油、生粉各适量，水发蹄筋、虾仁各少许

·操作步骤·

① 猪肉、虾仁、姜、葱剁成末，一同放入碗中，加入盐、味精、胡椒粉、料酒、鸡粉拌匀，制成肉馅；水发蹄筋汆水后用凉水冲洗一下；小油菜择好，洗净。

② 将肉馅放在盆内，加蛋清、淀粉顺一个方向搅拌至上劲，用手捏成大小相同的丸子，裹上生粉，放油锅中炸制 3 分钟，捞出；锅内加油，下入葱末、姜末爆香，烹入料酒，放入蹄筋，烧制 5 分钟；下入丸子、小油菜，焖制 30 分钟即可。

·营养贴士· 此菜能提供血红素（有机铁）和促进铁吸收的半胱氨酸，能改善缺铁性贫血。

东北**乱炖**

主 料 五花肉 500 克，茄子、西红柿各 1 个，冻豆腐 1 块，熟鹌鹑蛋、尖椒、粉条、土豆、豇豆各适量

配 料 葱段、姜片、酱油、盐、鸡精、白糖、鲜汤、大料、花椒、桂皮、食用油各适量

·操作步骤·

① 五花肉洗净，切块，焯水；茄子、土豆洗净，去皮，切滚刀块；西红柿、冻豆腐洗净，切块；豇豆洗净，切段；粉条泡发，切断；鹌鹑蛋剥壳，尖椒切块。

② 锅内倒食用油，烧至五成热后，下入五花肉块，稍炸后捞出；茄子块、土豆块、豇豆段先后入油锅炸熟，捞出控油。

③ 锅留底油，放入葱段、姜片、大料、花椒、桂皮炝锅，下入五花肉翻炒，下酱油、盐、鸡精、白糖、鲜汤；煮至五花肉熟烂，加茄子块、土豆块、豇豆段、冻豆腐、粉条炖 15 分钟，再加西红柿块、尖椒块、鹌鹑蛋炖 5 分钟即可。

·营养贴士· 豇豆含有易于消化吸收的蛋白质，还含有多种维生素和微量元素等，所含磷脂可促进胰岛素分泌，是糖尿病患者的理想食品。

·操作要领· 五花肉中含有油脂，炒制的过程中不要加太多食用油。

11

银耳荤菜

主料 猪肝、猪肉各150克，银耳30克

配料 食盐、鸡精各适量，油菜少许

准备所需主材料。

将银耳泡发后洗净，撕成小块。

将猪肝和猪肉切成片，焯水后备用。

将猪肝、猪肉、银耳放入砂锅内，添加适量水炖煮，最后放入油菜、食盐和鸡精，炖煮片刻即可。

营养贴士：银耳含有多种矿物质，如钙、磷、铁、钾、钠、镁、硫等，其中钙、铁的含量很高。

操作要领：在出锅5分钟前，放入油菜即可。

炸佛手卷

主料 鲜猪肉 200 克，鸡蛋皮 1 张

配料 鸡蛋 1 个，料酒、酱油、盐、味精、姜末、葱末、香油、湿淀粉、植物油各适量

·操作步骤·

① 肉切碎，放盆中加入鸡蛋、湿淀粉、料酒、盐、酱油、味精、葱末、姜末、香油拌匀成肉馅。

② 将鸡蛋皮铺平，切成长条，将肉馅顺着长条抹在蛋皮的一边，然后向前卷拢，封口处抹上用湿淀粉勾芡的糊，用刀稍按平，再切成佛手形，全部切完后摆盘中上笼蒸 5 分钟取出。

③ 锅倒植物油烧至七成热时，将佛手卷下锅炸成金黄色时捞出即可。

营养贴士 鸡蛋蛋白质中的氨基酸比例很适合人体生理需要，易为机体吸收，吸收率高达98% 以上。

操作要领 鸡蛋皮切5厘米左右最合适，太窄了肉馅容易漏出来。

葱焖五花肉

主料▶ 五花肉 300 克，葱白段 80 克

配料▶ 白糖 15 克，姜片 10 克，盐 5 克，
酱油、料酒各 30 克，植物油少许

·操作步骤·

① 五花肉洗净，切块。

② 炒锅中倒植物油，烧热后，倒入五花肉块煸炒，加入姜片、料酒、白糖、盐炒至肉断生后，再煸炒一会儿，加入适量酱油上色，继续翻炒约 5 分钟，关火。

③ 砂锅中放一个竹箅子垫底，铺上一半的葱白段，将炒好的肉倒在葱上面，铺开，加入剩余葱白段；淋少许酱油，盖上盖，以小火焖约 1 小时即可。

·营养贴士· 此菜有补肾养血、增进食欲的功效。

糯米斩肉

主料▶ 猪肉泥 200 克，糯米饭 75 克

配料▶ 鸡蛋 1 个，葱花、姜末、淀粉、盐、酱油、味精、料酒、色拉油各适量

·操作步骤·

① 将糯米饭、猪肉泥、鸡蛋液、淀粉、葱花、姜末、料酒、盐拌匀，搓成大小相同的球状，按压成饼坯。

② 锅中色拉油烧至五成热，将饼坯入锅炸熟。

③ 将锅中的油倒出，加水，放入酱油、味精、葱花、姜末烧匀，放入炸好的肉饼烧约 15 分钟，淀粉加水调匀勾芡即可。

·营养贴士· 糯米含有蛋白质、脂肪、糖类、钙、磷、铁、维生素 B_1、维生素 B_2、烟酸及淀粉等营养成分。

小巷炸葱卷

主　料 猪精肉（肥瘦）适量，小麦面粉15克，鸡蛋清适量，葱白50克

配　料 盐2克，味精1克，料酒3克，淀粉（玉米）40克，姜末4克，色拉油100克，香油5克，酱油15克，高汤适量

·操作步骤·

① 将猪肉剁成细馅，加点高汤搅匀，放入盐、酱油、味精、料酒、姜末、香油、一半鸡蛋清调匀。

② 选粗细大致相同的葱白，切成4厘米长的段，再顺着用刀划一道口，将葱一层一层地剥下来，每段剥两层，把肉馅抹入葱白段内，裹上面粉。

③ 将剩余鸡蛋清放在汤碗内，用筷子打匀，加淀粉搅拌均匀。

④ 锅内放入色拉油，烧至三四成热时，将葱白段裹满蛋泡糊放入油内炸熟，捞出即可。

·营养贴士· 此菜可开胃健脾，适合脾胃虚弱者食用。

·操作要领· 此菜只有用葱白才做得出特色。

五香卤肉

主 料 猪肉 500 克

配 料 猪油 20 克，草果、冰糖、桂皮各 2 克，盐、酱油、黄酒各 5 克，胡椒 3 克，花椒 10 克、八角 6 克、鸡油 30 克，葱段 15 克，姜片 4 克

·操作步骤·

① 将猪肉洗净，切块，用开水煮 3 分钟，除去血腥味捞起。

② 在热锅内放入猪油、冰糖煸炒，至冰糖熔化起大泡时下葱段、姜片、盐、酱油、黄酒；将胡椒、花椒、八角、草果、桂皮装入香料袋内，放入锅内烧开；去沫后放鸡油，熬成卤水。

③ 将猪肉放入卤水中烧开，然后改用小火，将肉卤至肉香质烂即可。

·营养贴士· 此菜有解热、补肾气的功效。

元宝肉

主 料 五花肉 500 克，鹌鹑蛋适量

配 料 植物油、白糖、葱丝、姜末、酱油、八角、料酒、盐各适量

·操作步骤·

① 将鹌鹑蛋放入开水中煮 3 分钟，捞出放入冷水中浸泡片刻，剥壳；五花肉洗净，切块。

② 炒锅置旺火上，放植物油烧至七成热，放肉块，待肉起焦皮，放白糖，炒出糖色。

③ 下入葱丝、姜末、八角、酱油、料酒炒均匀，倒入盛有温开水的砂锅中。

④ 开锅后放入鹌鹑蛋炖 30 分钟左右，加盐调味即可。

·营养贴士· 鹌鹑蛋富含蛋白质、脑磷脂、卵磷脂、赖氨酸、胱氨酸、维生素 A、维生素 B_1、维生素 B_2、铁、磷、钙等营养物质。

湘竹**小米排骨**

主料▶排骨500克，小米、生菜叶各适量

配料▶白糖2克，姜6克，料酒、生抽各5克，八角1个，花椒、淀粉各少许，郫县豆瓣适量

·操作步骤·

① 小米提前浸泡1小时以上；排骨剁块用温水洗净后在凉水中浸泡30分钟，以渗出血水。

② 将排骨捞出沥干水分后，加料酒、郫县豆瓣、白糖、生抽、八角、花椒和姜、少量淀粉腌30分钟。

③ 小米浸泡好后，滤出，与腌好的排骨混合拌匀，使其裹在表面。

④ 取一只大碗，将生菜叶垫在碗底，再放上处理好的排骨，入蒸锅，中火，上汽后再蒸2小时至排骨软熟即可。

·营养贴士· 猪排骨可提供人体生理活动所必需的优质蛋白质、脂肪，尤其是丰富的钙质可维护骨骼健康。

·操作要领· 因为此菜中排骨不焯水，所以一定要用凉水浸泡，以免腥味过重。

莼菜猪髓鸽蛋

主料 猪髓 250 克，罐头莼菜 150 克，鸽蛋 10 个

配料 鲜汤 600 克，黄酒 15 克，生抽 3 克，鸡精、盐各 2 克，虾仁适量

·操作步骤·

① 将猪髓剔净筋膜，与盐一起放入热水锅中焯熟，捞出后切段；将鸽蛋磕入碗中，打散；将罐头莼菜倒在碗里；虾仁放入沸水中焯熟。

② 将鲜汤（400 克）煮沸，一半浇入莼菜碗中，另一半加黄酒放入猪髓段碗中，再分别滗出汤汁。

③ 将虾仁、莼菜、猪髓摆入汤碗，然后将剩余鲜汤煮沸，倒入鸽蛋液，加入生抽、鸡精调匀，浇入汤碗内即可。

·营养贴士· 猪髓对治疗肾阴不足、下肢痿弱、盗汗、烦渴多饮、多尿、遗精、耳鸣等症有一定的功效。

糖醋排骨

主料 猪小排 500 克

配料 油、料酒、老抽、香醋、白糖、盐、蒜蓉、豆瓣酱、味精各适量

·操作步骤·

① 猪小排焯水后，煮 30 分钟；用适量料酒、盐、老抽、豆瓣酱、香醋腌渍 20 分钟。

② 锅内放油，将猪小排炸至金黄，捞出备用；锅内放排骨、腌排骨的汁液、适量白糖、蒜蓉大火烧开，调入适量盐提味。

③ 小火焖 10 分钟后大火收汁，收汁的时候最后加适量香醋，撒上味精即可。

·营养贴士· 猪排骨除含蛋白质、脂肪、维生素外，还含有大量磷酸钙、骨胶原、骨粘连蛋白等营养物质，可为幼儿和老人提供钙质。

东坡肘子

主料 肘子500克，油菜适量

配料 葱10克，姜、蒜各5克，桂皮、香叶、八角、冰糖、剁椒酱、酱油、五香粉、色拉油各适量，小葱末、盐各少许

·操作步骤·

① 去掉肘子皮上残留的猪毛，放入沸水中煮几分钟，捞出后用刀割几道口子；油菜洗净焯熟垫盘；葱洗净切段；姜、蒜分别切片。

② 锅内倒水烧沸，放入适量葱段、姜片和香叶，将处理好的肘子煮到七八成熟，捞出，上蒸锅蒸90分钟。

③ 炒锅中倒入适量色拉油烧热，入葱段、姜片、蒜片炒香，放入桂皮、香叶、八角翻炒，加适量水，放入冰糖、五香粉、酱油、剁椒酱、盐，小火慢慢烧煮至汤汁将干时关火。

④ 肘子蒸好后放入垫有油菜的盘中，浇上烧好的汤汁，撒上小葱末即可。

·营养贴士· 肘子肉有通血脉、润肌肤、填肾精等功效。

·操作要领· 此菜已经放了酱油、剁椒酱，因此盐要酌情使用。

珍珠丸子

主料 猪肉 300 克，糯米 150 克

配料 料酒、生抽各 10 克，盐 5 克，姜、葱、淀粉各适量

·操作步骤·

① 糯米洗净，放入水中浸泡 4 小时，沥干备用；猪肉洗净剁成肉末；葱、姜分别切末。

② 猪肉末和葱末、姜末放入碗内，加料酒、盐、淀粉、生抽搅匀成肉馅，把肉馅挤成大小合适的丸子。

③ 每个肉丸子上滚上一层糯米，然后放入蒸屉，大火蒸 20 分钟即可。

·营养贴士· 糯米具有补中益气、健脾养胃、止虚汗的功效。

杀猪菜

主料 五花肉 100 克，血肠 150 克，熟猪大肠 50 克，酸菜 100 克，粉条适量

配料 猪油、姜片、葱节、盐、胡椒粉、料酒、酱油、鸡精、味精、猪骨头汤各适量

·操作步骤·

① 五花肉切片，猪大肠切段，血肠切片，酸菜洗净切段，粉条用开水泡发。

② 炒锅置火上，放入猪油烧热，投入姜片、葱节爆香，下入酸菜炒出味，倒入猪骨头汤，下入五花肉、血肠、粉条，烧沸后撇净浮沫，调入盐、胡椒粉、料酒、酱油、鸡精、味精，用小火炖约 7 分钟；用漏勺将锅中炖好的菜捞出，装入汤碗内。

③ 将猪大肠下入锅中，烫至肠片卷曲后，用漏勺捞出放在汤碗内炖好的菜上面，另往汤碗内浇点汤汁即可。

·营养贴士· 此菜有解毒、补血、美容的功效。

冶味水煮肉

主料 猪里脊肉 500 克、菠菜适量

配料 豆豉酱、辣椒酱、葱、姜、蒜、花椒、淀粉、盐、味精、糖、香油、植物油各适量，木耳少许

·操作步骤·

① 猪里脊肉切成片，放入碗中，加盐、香油、淀粉和少许水搅拌均匀腌渍；菠菜洗净切段；葱、姜、蒜分别切末；木耳泡发洗净，撕成小朵。

② 锅内倒入植物油烧热，把花椒放入锅内，等花椒变颜色后捞出，制成花椒油。

③ 另起锅，放入适量的植物油，等油热后放入姜末炒香，放入豆豉酱、辣椒酱、蒜末、葱末、花椒翻炒，加入适量的水，再放入菠菜、木耳翻炒。

④ 最后放入腌渍好的肉片，等肉片颜色变得略白时，翻一下，放入盐、糖、味精、香油调味，淋上一点花椒油即可。

·营养贴士· 菠菜富含类胡萝卜素、维生素 C、维生素 K、钙、铁等多种营养成分。

·操作要领· 喜欢吃辣的朋友可以用植物油烹炸干辣椒制作成辣椒油，最后用辣椒油代替花椒油淋在肉上，辣味会更加浓郁。

山东蒸丸子

主　料▷ 肥瘦肉（肥瘦比例为4∶6）、白菜、海米、鸡蛋清、鹿角菜各适量

配　料▷ 葱、盐、味精、胡椒粉、料酒、香油、淀粉各适量，香菜段少许

·操作步骤·

① 白菜、海米、鹿角菜、葱切成末，肥瘦肉剁成馅。

② 将肉馅放入器皿中，依次加入葱末、鹿角菜末、白菜末、海米末、香菜末、料酒、盐、胡椒粉、淀粉、蛋清，顺一个方向搅打上劲儿，用手抓一把丸子馅，从虎口处挤出丸子。

③ 待蒸锅上汽后将丸子放入锅中蒸5分钟左右；炒锅中加适量水，调入盐、味精、胡椒粉、料酒煮沸；蒸好的丸子放入碗中，加香菜段，浇入汤并淋香油即可。

·营养贴士· 此菜具有补虚强身、滋阴润燥的功效。

玻璃肉

主　料▷ 肥猪肉200克，鸡蛋1个

配　料▷ 面粉10克，香油25克，白糖、花生油、淀粉、糖针、盐各适量

·操作步骤·

① 猪肉剁馅，放入盆内，加入鸡蛋、淀粉、面粉、盐拌匀，捏成团状。

② 锅置火上，放花生油，烧热，放入肉团，炸至金黄色捞出。

③ 锅置火上，放入香油烧热，加入白糖，用微火熬到起泡，可以拉丝时，将炸好的肉团放入，迅速搅一下即盛盘中，待稍凉，撒上糖针即可。

·营养贴士· 肥肉富含人体需要的卵磷脂和胆固醇。

四喜丸子

主料 五花肉、泡发玉兰片、马蹄、香菇（干）、火腿、水发冬笋各适量

配料 葱花、姜、鸡蛋清、香油、鸡精、料酒、酱油、盐、花生油、水淀粉、高汤各适量

·操作步骤·

① 葱花在温水中浸泡10分钟，滤去葱花，剩余的葱花水备用；干香菇在另一个碗中用温水泡发，切成小丁，另外保留一个完整的香菇备用；泡发玉兰片、马蹄、火腿切成小丁；冬笋洗净，切片。

② 五花肉剁成末，姜切末；将剁好的肉末与姜末和四种丁混合在一起后倒入香油、鸡蛋清；朝着一个方向搅拌肉馅，使其上劲儿，倒入葱花水、姜末，搅匀加入鸡蛋清。

③ 加入盐、鸡精和料酒调味；用手掌来回摔打几下肉馅，再团成丸子；待锅中的热油烧至六成热时，放入丸子，炸至表面金黄；用笊篱将丸子捞出来沥油。

④ 砂锅中码放好丸子，放入香菇、冬笋、葱花、姜末，倒入高汤、酱油、料酒和少许盐，中火烧开后转小火炖20分钟，捞出香菇、冬笋、丸子盛盘；砂锅里的原汤过滤掉葱姜，倒在净锅里烧开，加水淀粉勾芡，趁热浇在丸子上即可。

·营养贴士· 玉兰片富含蛋白质、维生素、粗纤维、糖类以及钙、磷、铁、糖等多种营养物质。

·操作要领· 金华火腿肉质鲜美，是食材的首选。

Chapter 1

石锅**辣肥肠**

主 料 肥肠 500 克

配 料 红椒、洋葱、青蒜各 20 克，卤水
2000 克，色拉油、盐、味精、姜、
蒜各适量

· **操作步骤** ·

① 大火将水烧沸，肥肠汆水后冲凉洗净，
放入卤水中；中火卤制 1 小时后取出，
切成 2 厘米长的段；红椒、洋葱、姜、
蒜分别切片待用，青蒜洗净切段。

② 锅倒油烧至五六成热，放入肥肠略炸变
色后，捞出沥油。

③ 锅留底油，烧至六成热，下红椒片、姜片、
蒜片、洋葱片大火煸香；加入盐、味精、
肥肠、青蒜段，大火翻炒 5 秒钟即可。

· **营养贴士** · 肥肠有润燥、补虚、止渴止血
的功效，可用于治疗虚弱口渴、
脱肛、痔疮、便血、便秘等症。

菠菜**沙姜猪心**

主 料 猪心 150 克，菠菜 100 克

配 料 胡萝卜 50 克，沙姜 50 克，料酒 10
克，盐 3 克，味精 2 克，胡椒粉 1 克，
葱 5 克

· **操作步骤** ·

① 菠菜洗净切段，用开水焯一下，沥干水分；
胡萝卜洗净切花。

② 猪心切细条片，在沸水锅中焯透捞出，
与菠菜、胡萝卜一起放入盆中。

③ 沙姜去皮，切成长方形薄片，放入步骤
②的盆中，再加入料酒、盐、味精、胡
椒粉、葱搅拌均匀即可。

· **营养贴士** · 猪心含蛋白质、脂肪、硫胺素、
核黄素等成分，具有养心安神
的功效。

炸鹿尾

主料 五花肉（去皮）400克，猪肝100克，松仁20克，肠皮80克

配料 香油10克，白肉汤800克，葱末、姜末各8克，植物油、盐、味精各适量

·操作步骤·

① 将五花肉、猪肝分别剁成细末，松仁切碎后，放入容器里，再加入盐、香油、味精、葱末、姜末等拌匀，而后加入适量白肉汤搅拌成馅，把馅装入洗净的肠皮内，用线绳扎紧两头，即成生"鹿尾"。

② 将白肉汤倒入汤锅内，放入生"鹿尾"，用旺火烧开后，再用文火煮15~20分钟后用竹竿刺破肠皮1~2个小孔，再煮几分钟即可取出解除线绳。

③ 将植物油倒入炒锅，在旺火上烧热，把"鹿尾"放入，炸成金黄色后捞出，晾凉后切片即可。

·营养贴士· 松仁含有油酸、亚油酸等不饱和脂肪酸及钙、磷、铁等营养成分。

·操作要领· 炖煮时可以加入一些啤酒，用以提鲜。

肉皮
炖干豇豆

主料▶ 肉皮 500 克，干豇
豆 200 克，土豆 1
个

配料▶ 葱段 10 克，花椒 3
克，八角 2 个，桂
皮 1 块，酱油 15 克，
盐 5 克，黄酒、油
各适量

·操作步骤·

① 干豇豆用温水浸泡 20 分钟，使其回软，
再余煮 5 分钟，捞出沥干，切成 5 厘米
长的小段；土豆削去外皮，切块，放入
六成热的油中炸成金黄色；肉皮洗净，
整块放入锅中，余煮 10 分钟，凉后切成
四方片。

② 砂锅中放入适量热水，大火烧沸，放入
肉皮、豇豆、葱段、黄酒、花椒、八角、
桂皮、酱油和盐炖煮。

③ 烧沸后转小火，加盖慢炖 30 分钟，最后
放入土豆块，稍闷片刻即可。

·营养贴士· 豇豆有解渴健脾、补肾止
泄、益气生津的功效。

·操作要领· 炖煮时加入黄酒可以去除肉
皮的膻味，为菜肴增鲜。

东坡**金脚**

主料➡ 猪蹄2个

配料➡ 菠菜20克，胡萝卜50克，白萝卜
80克，姜片5克，花椒1克，糖色
10克，胡椒粉、味精各4克，酱
油8克，盐10克，猪油、料酒、
高汤各适量，麻油少许

·操作步骤·

① 猪蹄去毛，洗净，切段，拆骨，用开水氽过，
加少许酱油上色。

② 锅中入猪油烧热，猪蹄下锅炸至金黄色，
捞起沥干。

③ 锅中留少许油，放入姜片、花椒、胡椒粉、
酱油、盐、味精、糖色、料酒爆香，加入

高汤、猪蹄，用小火煮1小时，再入蒸锅
蒸10分钟。

④ 麻油入锅，爆炒菠菜，炒熟后将菠菜垫
在盘底；取出猪蹄放在菠菜上；胡萝卜、
白萝卜用特制勺器挖取，用油炸3分钟
后捞起，摆在盘边即可。

·营养贴士· 猪蹄含有丰富的胶原蛋白，
脂肪含量也比肥肉低，能
防治皮肤干瘪起皱、增强
皮肤弹性和韧性，对延缓
衰老和促进儿童生长发育
都具有重要意义。

·操作要领· 猪蹄煮至能用筷子扎透即
可，过于绵软的话会缺少
嚼劲。

玉竹**烧猪心**

主 料 猪心 300 克，山药 80 克，玉竹 50 克

配 料 姜片、葱段各 10 克，酱油 5 克，花椒 5 克，盐 3 克，鸡精 2 克，生粉适量

·操作步骤·

① 玉竹洗净，切成条，用水稍润，放入砂锅中加水煎熬，收取汤汁 500 克；山药去皮，洗净，切成片。

② 猪心破开，洗净血水，切成片，与汤汁、姜片、葱段、花椒同置锅内，在火上煮 15 分钟，至猪心八成熟。

③ 加入山药略煮，调入酱油、盐、鸡精，大火收汁，以生粉勾芡即可。

·营养贴士· 玉竹具有养阴、润燥、清热、生津、止咳等功效。

百叶结**烧肉**

主 料 猪肉 450 克，百叶结 200 克

配 料 白酒 100 克，糖 5 克，蚝油 5 克，姜片、八角、料酒、酱油、植物油各适量

·操作步骤·

① 猪肉洗净，切块，下入加有料酒的滚水中汆烫后捞出。

② 锅置火上，倒入植物油，待油热下入肉块，煸炒至变色。

③ 下入八角、姜片爆香，加入清水、酱油、白酒、糖、蚝油，煮至入味。

④ 下入百叶结，烧至入味即可。

·营养贴士· 此菜具有润肤防皱、延缓衰老的功效。

煎蒸 **藕夹**

主 料 莲藕、猪里脊肉各适量

配 料 鸡蛋、香菜段、面粉、五香粉、苏打粉、葱花、姜末、盐、鸡精、料酒、生抽、高汤、水淀粉、辣椒油、植物油各适量

·操作步骤·

① 面粉中加鸡蛋、盐、五香粉、苏打粉、水，拌成面糊；肉剁成肉泥，放在碗内，加葱花、姜末、盐、鸡精、料酒、生抽，向一个方向搅拌上劲，备用。

② 莲藕切成片，再在片中间切一刀，但是不要切断，做成藕夹，然后夹入适量拌好的肉馅，轻压一下，如此依次做好全部藕夹。

③ 锅中倒油烧至五成热，将做好的藕夹挂上面糊，放入锅中炸成双面金黄即可捞起，用吸油纸吸油，放入准备好的蒸锅里蒸至外皮发软，取出摆盘。

④ 锅烧热，放高汤、辣椒油搅拌，用水淀粉勾薄芡淋在藕夹上，撒上香菜段即可。

·营养贴士· 藕具有清热生津、凉血止血、散瘀血的功效。

·操作要领· 可用高汤混合广东蚝油做芡汁，味道更鲜。

慈姑烧肉

主料 五花肉 250 克，慈姑 200 克，胡萝卜 100 克

配料 植物油、老抽各 15 克，料酒 20 克，白糖 10 克，葱段、姜片各适量，盐少许

·操作步骤·

① 五花肉切小块，放入沸水锅内焯一下，去掉肉腥气；慈姑、胡萝卜去皮洗净，切滚刀块。

② 炒锅中放油烧热，下入肉块、姜片、葱段煸炒至变色；倒入慈姑、胡萝卜，淋入料酒、老抽，加白糖、盐和 200 克水。

③ 煮开后改文火烧至肉烂、慈姑熟，用大火收汁即可。

·营养贴士· 此菜有清热解毒、防癌抗癌的功效。

·操作要领· 焯五花肉的时候可以在水中放一点料酒，有助于去除腥味。

营养牛、羊肉

五香牛肉

主 料 牛肉 300 克

配 料 姜片、蒜片、葱段各 30 克,盐、料酒、鸡精、五香粉各适量

·操作步骤·

① 牛肉放在清水里浸泡 2 小时,去血水,切成大块,焯水。

② 焯过水的牛肉块放入容器里,放入姜片、蒜片、葱段,加适量的盐、料酒、鸡精腌渍 1 小时以上。

③ 所有材料放入电压力锅中,加适量清水、五香粉,密封好,焖 30 分钟即可。

④ 煮好的牛肉自然晾凉,食用时切片摆盘即可。

·营养贴士· 牛肉蛋白质含量高而脂肪含量低,享有"肉中骄子"的美称。

麻辣牛肉片

主 料 牛肉 500 克

配 料 料酒、韩式辣椒酱、白糖、酱油、味精、麻椒粉、盐、熟芝麻各适量

·操作步骤·

① 牛肉放在清水里浸泡 2 小时,去血水,切成大块,焯水。

② 另起锅,加水和料酒,待水开放入牛肉块,煮至牛肉块熟烂,捞出晾凉。

③ 牛肉块切片,放入容器中,下入盐拌匀,使之入味。

④ 下入韩式辣椒酱、白糖、酱油、味精、麻椒粉、熟芝麻,拌匀即可。

·营养贴士· 寒冬吃牛肉,有暖胃作用,是寒冬补益的佳品。

牛蹄筋拌豆芽

主料 牛蹄筋（泡发）200克，黄豆芽150
克

配料 香芹50克，葱段、姜块、蒜末各
10克，料酒15克，白糖10克，
盐5克，花椒、八角、桂皮、香叶、
鸡精、白醋、酱油、香油各适量，
青椒丝、红椒丝各少许

·操作步骤·

① 黄豆芽去除根部，洗净，香芹洗净，切段，
分别放入沸水锅中焯一下，捞出投凉沥
干。

② 牛蹄筋切成2厘米见方的块，放入锅内，
加入香料包（八角、桂皮、香叶、花椒）、
葱段、姜块、清水，开大火，水烧开时，
转小火烧10分钟；加入白糖、料酒、盐、
鸡精、酱油，转小火煮至蹄筋熟烂即可。

③ 牛蹄筋、黄豆芽、香芹、青椒丝、红椒
丝放入碗中，加入盐、蒜末、白醋、香油，
拌匀即可。

·营养贴士· 蹄筋有益气补虚、温中散寒
的功效。

·操作要领· 煮蹄筋的时候，可以用筷子
扎一下，能扎透即可。

陈皮牛肉

主 料 牛肉 500 克，陈皮 40 克

配 料 干辣椒、葱花各 20 克，花椒 5 克，姜末 10 克，盐 6 克，绍酒 30 克，白糖 30 克，麻油、红油各 10 克，高汤 400 克，植物油适量

·操作步骤·

① 牛肉洗净，去筋，切片，放入碗内，加盐、绍酒、姜末、葱花拌匀，腌约 20 分钟；陈皮用温水泡后切成小块待用。

② 炒锅置旺火上，放植物油烧至七成热，下牛肉片炸至表面变色，水分快干时捞起。

③ 锅留底油，油热后加干辣椒、花椒、陈皮炒出香味，再放牛肉、盐、绍酒、白糖、高汤煮开，改用中火收汁，汁快干时加入红油、麻油翻匀即可。

·营养贴士· 此菜有行气健脾、降逆止呕的功效。

核桃炖牛脑

主 料 核桃肉、牛脑、牛腱子各适量

配 料 姜片、枸杞子、盐、料酒各适量

·操作步骤·

① 牛脑浸在清水中、撕去薄膜、除去红筋，和牛腱子一起放入滚水中煮 5 分钟，取出冲洗净，牛腱子切块。

② 核桃肉放入锅中翻炒片刻，再落滚水中煮 3 分钟，取出洗净。

③ 把牛脑、牛腱子、核桃肉、姜片、枸杞子、料酒放入炖盅内，加入适量滚水，炖约 3 小时，加盐调味即可。

·营养贴士· 牛脑富含蛋白质、磷、铜、脂肪，适宜有消瘦、营养不良、免疫力低、记忆力下降、贫血等症状的人群食用。

夫妻肺片

主 料 牛肉100克，牛舌、牛头皮、牛心各150克，牛肚200克

配 料 香料包（内装有八角、三奈、大茴香、小茴香、草果、桂皮、丁香、生姜）1个，盐、红油辣椒、花椒面、芝麻、熟花生米、豆油、味精、芹菜各适量

·操作步骤·

① 将牛肉切成块，与牛杂（牛舌、牛心、牛头皮、牛肚）一起冲洗干净，用香料包、盐、花椒面卤制，先用猛火烧开后转用小火，卤制到肉料粑而不烂，然后捞起晾凉，切成大薄片。

② 将芹菜洗净，切成0.5厘米长的段；芝麻炒熟和熟花生米一起压成末备用。

③ 盘中放入切好的牛肉、牛杂，再加入卤汁、豆油、味精、花椒面、红油辣椒、芝麻、花生米和芹菜，拌匀即可。

·营养贴士· 此菜具有温补脾胃、补血温经、补肝明目、促进人体生长发育的功效。

·操作要领· 卤煮牛肉、牛杂时，注意要用小火。

蒜子**牛蹄筋**

主料 牛蹄筋 300 克,蒜子 50 克

配料 高汤 400 克,料酒 15 克,酱油 10 克,白糖、盐各 5 克,鸡精 3 克,洋葱、青椒、红椒各 30 克,葱段、姜片、植物油各适量,葱油、胡椒粉各少许

·操作步骤·

① 牛蹄筋洗净,入高压锅,加葱段、姜片、料酒、清水,压 10 分钟,取出洗净,控水。

② 洋葱、青椒、红椒洗净,全部切成片;蒜子对半切开。

③ 锅内放植物油,七成热时放入蒜子、洋葱煸香,放入牛蹄筋翻炒几下,加入高汤、白糖、酱油、胡椒粉、盐,盖上锅盖,小火焖煮至入味。

④ 待汤汁快收干时,放入鸡精、青椒片、红椒片,淋上葱油即可。

·营养贴士· 此菜有强筋壮骨、抗皱美肤的功效。

冬瓜**羊肉丸**

主料 羊肉 300 克,冬瓜 200 克

配料 鸡蛋清 30 克,清汤 500 克,葱末 10 克,姜末 5 克,香菜 15 克,盐、鸡精各适量,胡椒粉、香油各少许

·操作步骤·

① 羊肉剁成肉末,加鸡蛋清、葱末、姜末、胡椒粉及适量鸡精和盐搅拌均匀。

② 冬瓜去皮、瓤,洗净,切小块;香菜洗净,切段。

③ 锅内加清汤、冬瓜大火烧开,将拌好的羊肉馅挤成丸子,入锅煮熟,放适量盐、鸡精调味,出锅装碗,加入香油、香菜段即可。

·营养贴士· 冬瓜含蛋白质、糖类、粗纤维、胡萝卜素、维生素 B_1、维生素 B_2、维生素 C、烟酸、钙、磷、铁等成分,且钾含量高,钠含量低。

美味肉串

主料 羊肉 500 克，洋葱、彩椒各 1 个

配料 白芝麻（熟）、辣椒面、蜂蜜、料酒、盐、植物油各适量

· 操作步骤 ·

① 将羊肉洗净后切成块，放入碗中，倒入适量料酒和盐后拌匀，放入冷藏室腌 15 分钟；彩椒、洋葱洗净后切成和羊肉差不多大小的片。

② 取一支竹签，按一块羊肉，一片彩椒，一片洋葱的顺序穿成一串，接着将剩余的羊肉块和彩椒片、洋葱片依次穿好。

③ 挖一大勺蜂蜜，拌匀后用毛刷均匀地刷在穿好的羊肉串上。

④ 在烤盘中铺上一层锡纸，将羊肉串放入烤盘后入提前预热好的烤箱中层，调到

220℃烤制 7 分钟；取出刷一层植物油翻个面，继续烤制 8 分钟后取出撒上辣椒面、白芝麻即可。

· 营养贴士 · 羊肉对一般风寒咳嗽、慢性气管炎、虚寒哮喘、肾亏阳痿、腹部冷痛、体虚怕冷、腰膝酸软、面黄肌瘦、气血两亏、病后或产后身体虚亏等一切虚证均有治疗和补益作用。

· 操作要领 · 把羊肉切成 2 厘米左右大小的块状，这样腌的时候更易入味，烤制过程中受热均匀，也易烤熟。

粉皮羊肉

主料 羊肉 200 克，豌豆粉皮 150 克，西红柿 1 个

配料 剁椒 30 克，姜片 10 克，盐 5 克，干辣椒段、植物油各适量，葱花、胡椒粉各少许

·操作步骤·

① 羊肉洗净，冷水下锅，大火煮开，再煮 3 分钟关火；捞出羊肉，用温水洗净。

② 另起锅，加清水，放入羊肉、一半姜片，大火煮至肉熟，捞出晾凉，切小块；西红柿洗净，切块。

③ 锅中放植物油，油热后加入剩余姜片、干辣椒段、剁椒炒香，放入煮羊肉的原汤、西红柿块煮开，加入羊肉块、豌豆粉皮，加盖焖 15 分钟，煮至粉皮变透明，加入盐、胡椒粉拌匀，撒上葱花即可。

·营养贴士· 豌豆粉皮主要营养成分为糖类，还含有少量蛋白质、维生素及矿物质。

白菜煮牛尾

主料 牛尾 300 克，白菜 100 克，粉条 80 克，冻豆腐 50 克

配料 高汤 500 克，姜片、葱段各 10 克，酱油 6 克，盐 5 克，鸡精 3 克，植物油适量，香菜少许

·操作步骤·

① 牛尾洗净，用沸水略滚一下，捞出控干，切成小块。

② 白菜洗净，切成片；冻豆腐、粉条分别放入清水中浸泡。

③ 砂锅中放植物油烧热，爆香姜片、葱段，加入高汤、牛尾，煲至熟透。

④ 加入白菜、粉条、冻豆腐同煮，调入酱油、盐、鸡精，水开后以中小火继续煮 15 分钟关火，盛出装碗，点缀香菜即可。

·营养贴士· 牛尾含有蛋白质、脂肪、维生素 B_1、维生素 B_2、维生素 B_{12}、烟酸、叶酸等成分。

龟羊煲

主 料 ➡ 羊肉、龟肉各 100 克

配 料 ➡ 党参、枸杞子、制附片各 10 克，
当归、姜片各 6 克，冰糖、葱结、
料酒、盐、味精、熟猪油各适量

·操作步骤·

① 将龟肉用沸水烫一下，刮去表面黑膜，
剔去脚爪洗净；羊肉清洗干净；党参、
枸杞、制附片、当归用水洗净。

② 将龟肉、羊肉随冷水下锅，煮开 2 分钟，
捞出，再用清水洗净，然后均匀切成方块。

③ 锅置旺火上，放入熟猪油，烧至六成热时，

下龟肉、羊肉煸炒，烹入料酒，继续煸
炒干水分，然后放入砂锅，再放入冰糖、
党参、制附片、当归、葱结、姜片，加
清水先用旺火烧开，再移至小火炖到九
成烂时，放入枸杞子，继续炖 10 分钟左
右关火，去掉姜片、葱结、当归，放入味精、
盐调味即可。

·营养贴士· 龟肉尤其是龟背的裙边部
分，富含胶原蛋白，有很
好的滋阴效果。

·操作要领· 清水要一次加足，大火烧开，
小火慢炖，中途不可续水。

西芹豆豉滑牛肉

主料 西芹 150 克，牛肉 150 克，豆豉适量

配料 食用油、食盐、味精各适量

操作步骤

① 准备所需主材料。

② 将牛肉切丝后放入碗内，然后倒入豆豉拌匀。

③ 将西芹切成细丝，用热水焯一下。

④ 锅内放入食用油，放入牛肉和芹菜煸炒，至熟后放少许食盐和味精调味即可。

烹饪心得

营养贴士：芹菜中含有丰富的植物纤维，多吃芹菜有助于缓解便秘的症状。

操作要领：翻炒时既要注意芹菜熟透，还要保持清脆的口感，所以要大火翻炒。

纸包牛肉

主料 腌牛肉粒（用边角料即可）200克，面包糠100克，芹菜粒50克，鸡蛋液50克

配料 葱姜水20克，糯米纸10张，盐5克，鸡精、胡椒粉各2克，色拉油适量，香菜少许

·操作步骤·

① 腌牛肉粒中加入芹菜粒，放入葱姜水、盐、胡椒粉、鸡精调匀成肉馅。

② 取糯米纸，将牛肉馅放在糯米纸上，摊开，折起来成饼，然后涂上鸡蛋液，拍上面包糠，放入五成热的油锅中小火炸1分钟左右（锅内一次不能多放，一般放4个糯米纸包即可，否则容易炸碎）至金黄色，捞出控油后码放在盘子里，放上香菜点缀即可。

·营养贴士· 牛肉中的肌氨酸含量比任何其他食品都高，它对增长肌肉、增强力量特别有效。

·操作要领· 炸时可以将包好的糯米纸包竖起来，光炸带馅的部分，这样既省油，又洁白，吃起来还不腻。

砂锅炖羊心

主料 羊心 500 克，水发香菇 75 克，油菜心 40 克

配料 葱段 15 克，姜块 10 克，料酒、香油各 15 克，酱油 6 克，盐、味精、白糖各 3 克，鸡精 5 克，胡椒粉 1 克，鲜汤 500 克

· 操作步骤 ·

① 将羊心洗净，切成片，锅内加水烧开，下羊心片焯去血污捞出；油菜心洗净焯水。

② 砂锅内加葱段、姜块、料酒、酱油、盐、鸡精、白糖、鲜汤烧开，下入羊心片，炖至七成熟。

③ 下入香菇继续炖至羊心熟烂，下入油菜心、味精、胡椒粉、香油烧开即可。

· 营养贴士 · 羊心含有蛋白质、脂肪、钙、磷、铁等营养成分。

扒牛肉条

主料 牛肉 500 克

配料 葱段、姜片各 10 克，酱油、绍酒各 10 克，盐 6 克，八角 5 克，芝麻油 6 克，水淀粉、香葱花各少许

· 操作步骤 ·

① 将整块牛肉加入开水焯一下，然后锅中添水，加入葱段、姜片和牛肉用大火煮沸，撇去浮沫后转小火焖煮，时间约 150 分钟。

② 将熟牛肉切成长条，摆放到碗中，加入绍酒、酱油、盐、八角、葱段、姜片和煮牛肉的原汤，上锅蒸约 20 分钟；将蒸好的牛肉除去八角、葱段、姜片，装入盘中。

③ 锅中倒入蒸牛肉的汤汁，大火煮沸，用水淀粉勾芡，淋上芝麻油，浇在牛肉上即可。

· 营养贴士 · 牛肉富含蛋白质、氨基酸，有补中益气、滋养脾胃、强健筋骨、化痰息风、止渴止涎的功效。

花生牛排

主料 牛里脊肉 300 克，花生 100 克，鸡蛋 2 个

配料 植物油 50 克，料酒 10 克，面粉 15 克，盐、胡椒粉各 3 克，鸡精 1 克

·操作步骤·

① 牛里脊肉洗净，切成约 1 厘米厚的片，加盐、鸡精拌匀入味。

② 将花生剥皮后放入油锅内略炸，捞出沥油，凉后剁成细粒。

③ 将鸡蛋黄放入碗内，加入面粉、胡椒粉、料酒搅拌均匀做成蛋糊。

④ 锅中倒入植物油烧热，把牛肉裹上蛋糊，蘸上花生细粒，拍牢后放入油锅内，待炸至金黄色时捞出，晾凉后切成长条即可。

·营养贴士· 花生含有蛋白质、脂肪、糖类、维生素 A、维生素 B_6、维生素 E、维生素 K 及钙、磷、铁等营养成分。

·操作要领· 切牛里脊肉的时候要逆着肉的纹理切，便于食用。

红焖羊排

主料➡ 羊排 1000 克，去皮花生 10 克

配料➡ 植物油 50 克，酱油、白糖、葱花、
姜末、胡椒粉、蒜瓣、八角、花椒、
山柰、桂皮、水淀粉、香油各适量

· 操作步骤 ·

① 羊排洗净，剁成段，用清水浸泡一段时间，
捞出沥干。

② 坐锅点火，加植物油烧热，下入姜末炒香。

③ 倒入羊排，加入酱油煸炒 5 分钟，添入

适量清水，加入八角、花椒、山柰、葱
花、桂皮、白糖、胡椒粉、花生、蒜瓣，
用小火煨烧。

④ 待汤浓汁稠时，用水淀粉勾薄芡，淋入
香油即可。

· 营养贴士 · 此菜有生肌健力、养肝明目
的功效。

· 操作要领 · 羊排也可先焯烫一下，以便
去除血水。

干锅菊花牛鞭

主料 牛鞭 500 克，鸡胗、鸭肫各 50 克

配料 酱油 5 克，豆瓣酱 4 克，盐、味精各 3 克，干红椒、蒜片、姜片、桂皮、八角各 3 克，色拉油 50 克，高汤 200 克

·操作步骤·

① 牛鞭处理干净，放入清水锅中煮 15 分钟后捞出，均匀地打上花刀；鸡胗和鸭肫均处理干净，打十字花刀。

② 锅内放入色拉油烧热，下桂皮、八角、干红椒、蒜片、姜片、豆瓣酱，大火煸香。

③ 加入牛鞭、鸡胗和鸭肫，倒入高汤用小火煮 8 分钟。

④ 调入酱油上色，放入盐、味精煮至入味即可。

·营养贴士· 牛鞭富含雄性激素、蛋白质、脂肪，对肾虚阳痿、遗精、腰膝酸软等症状有一定的治疗作用。

·操作要领· 牛鞭要煨烂，应用小火，避免煳锅。

平都牛肉松

主 料 牛肉 500 克

配 料 白糖 40 克，曲酒 3 克，姜片 5 克，
豆油 10 克，盐少许

·操作步骤·

① 牛肉剔除筋头、油膜，用清水洗净，去
除血污，下沸水焯一下，撇去油污和泡沫，
把水换掉。

② 锅中加清水，下入牛肉边煮边打油泡，
待打尽泡子后，放姜片、盐再煮 3 小时
左右；撇去汁液上的油质和浮污，把汁
液舀起，只留少许在锅内，挑尽松坯或
残骨、油筋、杂物；用锅铲将肉松坯全
部拍散成丝状，再将原汁倾入锅内，加

入豆油再煮 30 分钟；边煮边撇去上浮汁
液，加入曲酒，分解油质，继续撇油多次，
然后加入白糖，文火慢煮，直至汤干油净。

③ 牛肉松起锅，盛入竹簸内，放在锅口上，
用原灶内余火慢慢烘去水分，约 12 小时；
以手握有弹性，便起锅用木制梯形搓板
反复搓松，除去肉头、杂质，冷却即成。

·营养贴士· 此菜富含蛋白质、脂肪、维
生素 B_1、维生素 B_2、钙、磷、
铁、胆固醇、必需氨基酸等。

·操作要领· 煮肉 3 小时左右，以用筷夹
肉抖散成丝为度。

锅烧羊里脊

主料➡ 羊里脊肉 400 克

配料➡ 鸡蛋、豆苗、洋葱、
青椒、红椒、枸杞、
面粉、葱末、姜末、
盐、胡椒粉、酱油、
鸡精、料酒、香油、
植物油各适量

·操作步骤·

① 羊肉切片，加入盐、酱油、
料酒、葱末、姜末、胡椒
粉、香油，腌渍 10 分钟。

② 将洋葱、青椒、红椒洗净，
切小丁；豆苗洗净，入沸
水中略焯，捞出沥干水分，
放入盘中。

③ 将羊肉裹一层面粉，再沾
匀鸡蛋液，放入加有植物
油的锅中炸至变色后取出
控油。

④ 锅中留底油，放入葱末、
姜末、洋葱丁、青椒丁、
红椒丁爆香，然后加入枸
杞、料酒、鸡精、盐、胡
椒粉和少许水，放入羊肉
翻炒均匀，淋香油出锅，
盛在豆苗上即可。

·营养贴士· 此菜有滋阴壮阳、补虚强体的功效。

·操作要领· 羊肉在腌渍之前一定要在清水中清洗干
净，以免血水影响菜的品质。

毛血旺

主料 鸭血 300 克，牛百叶 250 克，黄豆芽 100 克，莴笋 1 根，鳝鱼 2 条，火腿、肥肠各 50 克

配料 花椒 5 克，红油火锅底料、郫县豆瓣酱各 50 克，生抽 10 克，料酒 20 克，白糖 5 克，蒜 6 瓣，鸡精、香油、葱、姜、植物油、盐、红辣椒段各适量

·操作步骤·

① 莴笋去皮切片，放入锅中加少许盐，焯烫后捞出过凉；黄豆芽洗净，焯烫 2 分钟过凉；牛百叶切片，焯烫后捞出过凉；肥肠洗净切段，焯烫捞出晾凉；去骨的鳝鱼切段放入沸水中焯烫，洗去上面的黏液；鸭血切片煮 2 分钟，过凉备用；姜、蒜分别

切末，葱切葱花。

② 锅置火上，加入香油，放入花椒、红辣椒段爆香，制成麻辣油。

③ 另取一锅，加入植物油，烧至五成热，加入葱花、姜末、蒜末爆香；加入豆瓣酱和火锅底料炒出香味，加适量水，放入鸭血、鳝鱼段、生抽、白糖、料酒煮 5~8 分钟；加入牛百叶、肥肠、黄豆芽、莴笋、火腿煮 2~3 分钟；加盐、鸡精调味关火，倒入制好的麻辣油即可。

·营养贴士· 鸭血富含蛋白质及多种人体必需氨基酸，红细胞素含量较高，还含有微量元素铁等矿物质和多种维生素。

·操作要领· 金华火腿肉质细嫩，是制作此菜的最佳食材。

可口禽蛋

翡翠凤爪

主料 凤爪 200 克，青椒、红椒共 100 克

配料 蒜瓣、绍酒、卤汁、清汤、盐、味精各适量

· 操作步骤 ·

① 青椒、红椒去蒂和籽，洗净后切成三角块；蒜瓣去皮，制成蒜泥；凤爪洗净拆骨，沿脚趾切开。

② 净锅上火，放入凤爪、少量清汤、卤汁、绍酒，旺火烧沸，改用小火焖至凤爪熟烂，将蒜泥下锅，再下入盐、味精调味。

③ 捞出凤爪晾凉，装入盘内，以青椒块、红椒块点缀即可。

· 营养贴士 · 凤爪富含谷氨酸、胶原蛋白和钙质，多吃不但能软化血管，还具有美容功效。

卤鸡腿肉

主料 鸡腿 500 克

配料 盐、白糖各 5 克，酱油 8 克，葱段 15 克，姜片 8 克，料酒 10 克，红曲粉 10 克，植物油、香油各适量

· 操作步骤 ·

① 将鸡腿剔去骨头，用刀剞上交叉刀纹，用酱油、盐、料酒腌渍 50 分钟。

② 锅内放入植物油烧至八成热，将鸡腿放入锅里炸至金黄色，捞出沥油。

③ 锅中留底油，放入葱段、姜片，炒香后加水，加入白糖和红曲粉，烧开后撇净浮沫，放入鸡腿用慢火卤熟。

④ 取出晾凉，刷上香油，改刀即可。

· 营养贴士 · 鸡肉含有维生素 C、维生素 E 等，蛋白质的含量比例较高，种类多，而且消化率高，很容易被人体吸收利用。

醉三黄鸡

主料 三黄鸡1只

配料 糟卤汁30克，花雕酒100克，白酒20克，香葱、老姜、八角、丁香、香叶、盐、冰糖、葱丝、红椒丝各适量

·操作步骤·

① 三黄鸡洗净，去除头、内脏和杂毛；香葱打结，留小部分切花；老姜切片备用。

② 大火烧开煮锅中的水，把三黄鸡放入开水中反复氽烫3次，然后把三黄鸡放入锅中，关火加盖焖30分钟，取出用冷水过凉，沥干水分；取一个煮锅，放入凉水、香叶、八角、丁香、香葱结、老姜片、盐、冰糖搅拌均匀，大火烧开，然后关火晾至凉透。

③ 在煮锅中加入糟卤汁、花雕酒、白酒调成醉鸡卤汁；煮好的三黄鸡放凉后斩块；把斩好的三黄鸡块放入一个有盖的深容器，倒入醉鸡卤汁，让卤汁没过所有鸡块，加盖密封放置24小时，取出装盘并撒上葱花，以葱丝和红椒丝点缀即可。

·营养贴士· 三黄鸡肉质细嫩，味道鲜美，并且富有营养，有滋补养身的功效。

·操作要领· 最好连脖子全部斩掉，因为脖子没经过仔细处理，不卫生。

老鸭煲

主料 老鸭 1800 克，酸萝卜 900 克，腐竹适量

配料 老姜 1 块，枸杞若干，盐适量

·操作步骤·

① 将老鸭取出内脏后洗净，切块；酸萝卜清水冲洗后切块；老姜拍烂待用；腐竹泡发，切段。

② 将鸭块倒入干锅中翻炒，待水汽收住即可（不用另外加油）。

③ 水烧开后倒入鸭块、酸萝卜块、腐竹，加入老姜、枸杞，一起中小火熬制 2 小时左右，加盐调味即可。

·营养贴士· 鸭肉有滋补、养胃、补肾、消水肿、止热痢、止咳化痰等功效。

酥炸鸡块

主料 鸡肉 300 克

配料 鸡蛋液、面包糠、盐、胡椒粉、食用油各适量

·操作步骤·

① 鸡肉洗净，切成小块，加入胡椒粉、盐，腌 10 分钟左右。

② 将腌好的鸡肉块放入鸡蛋液中滚一下，取出放在面包糠中滚一下，裹上面包糠。

③ 锅烧热，放油，待油热下入鸡块，小火炸至金黄色即可。

·营养贴士· 鸡肉滋味鲜美、富有营养，有滋补身体的功效。

干锅**鸭头**

主 料 鸭头 300 克，藕 50 克，红彩椒、青椒各 50 克

配 料 卤汤 500 克，小红灯笼椒 30 克，料酒 30 克，香辣酱、香菇酱各 25 克，姜末、葱段、蒜片各 20 克，花椒 10 克，盐 5 克，干辣椒段、红油各适量

·操作步骤·

① 鸭头洗净，加姜末、盐、料酒拌匀，腌渍约 1 小时，再焯水打去浮沫，捞出再次洗净，放入卤汤内卤熟，对半切开。

② 红彩椒、青椒洗净，切条；藕洗净去皮，切片。

③ 炒锅中放入红油烧热，放入葱段、蒜片、花椒、干辣椒段炒香，放入鸭头、香辣酱、香菇酱、小红灯笼椒炒出香味。

④ 下入藕片翻炒至熟，下入红彩椒条、青椒条，翻炒片刻即可。

·营养贴士· 鸭头对治疗阳水暴肿、面赤、烦躁、喘急、小便涩等有一定的功效。

·操作要领· 鸭头一定要焯水，这样能够去除血水和脏东西。

双耳蒸蛋皮

主料 鸡蛋若干，木耳、银耳各适量

配料 盐、料酒、湿淀粉、色拉油各适量

·操作步骤·

① 将鸡蛋打入碗中，加入湿淀粉、盐搅匀；银耳、木耳切成块，加入盐、料酒拌一下入味。

② 将锅置于旺火上加色拉油烧热，将鸡蛋液倒入锅中摊成鸡蛋皮，取出切成宽条备用。

③ 将鸡蛋皮铺在盘子上，上面放上银耳和木耳，顺着一个方向卷起来，上蒸锅蒸5分钟即可。

·营养贴士· 鸡蛋可祛热、镇心安神、安胎止痒、止痢。

鸡丝卷

主料 手撕鸡肉80克，熟火腿100克，白芝麻50克，胡萝卜丝适量

配料 酵面70克，葱100克，食用碱6克，芝麻油25克，面粉、盐、植物油各适量

·操作步骤·

① 葱和熟火腿分别切成长条，与手撕鸡肉一起拌匀。

② 盆内加面粉、酵面，用50℃的温水及食用碱和匀制成面团。

③ 案板上撒一层面粉，放上面团揉透，擀成长方形面皮，上面抹一层芝麻油，然后撒上盐，拌匀地放上手撕鸡肉、葱丝、胡萝卜丝，卷起，切段，滚上白芝麻。

④ 锅倒植物油烧热，放入鸡丝卷，小火炸至焦黄酥脆即可。

·营养贴士· 鸡肉蛋白质含量较高，且易被人体消化吸收。

松子鸡

主料 ▶ 小母鸡1只（750克），净猪肋条肉150克

配料 ▶ 炸好的粉丝5克，松仁10克，葱、姜、干淀粉、水淀粉、酱油、白糖、料酒、盐、芝麻油、鸡清汤、花生油各适量

·操作步骤·

① 将鸡宰杀洗净，取鸡脯、腿肉，剔去骨，在肉的一面排剖；肋条肉斩成茸，加酱油、白糖、料酒、盐搅匀；在鸡肉上拍干淀粉，抹上肉馅，用刀排斩，使其黏合，上嵌松仁。

② 锅上火烧热放花生油，下鸡块煎炸，然后取出放入垫有竹箅的砂锅内，加入鸡清汤、酱油、白糖、葱、姜，上火焖至酥烂。

③ 将焖好的鸡块取出，放入盘内，原汁上火烧沸，用水淀粉勾芡，淋芝麻油，摆上炸好的粉丝即可。

·营养贴士· 松仁味甘性温，具有滋阴润肺、护肤养颜、延年益寿等功效。

·操作要领· 不会炸粉丝的话，也可以用樱桃和圣女果来装饰。

粉蒸鸡翅

主 料 翅中、蒸肉粉各适量

配 料 料酒、盐、鸡精、胡椒粉、酱油、辣椒面各适量

·操作步骤·

① 翅中加入盐、鸡精、料酒、酱油、胡椒粉腌 30 分钟入味。

② 将腌好的翅中裹满蒸肉粉，撒上胡椒粉、辣椒面，码放在盘内。

③ 蒸锅中倒水烧开，将翅中放入蒸锅内蒸 20 分钟即可。

·营养贴士· 鸡翅有温中益气、补精填髓、强腰健胃的功效。

虫草炖鸭子

主 料 鸭子 1 只，冬虫夏草 10 个

配 料 绍酒、姜片、盐各适量

·操作步骤·

① 鸭子洗净，放入滚开水中，大火炖 8 分钟，取出洗净。

② 冬虫夏草用清水洗净，细的一端留用，把粗的插在鸭身和鸭腿上。

③ 将鸭子、绍酒、姜片和留用的冬虫夏草放入砂锅内，加入 4 杯滚开水，中火炖 40 分钟。

④ 调入盐，搅拌均匀即可。

·营养贴士· 冬虫夏草有补虚损、益精气、止咳化痰、抗癌、抗衰老的功效。

茄汁**鸡块**

主料 鸡胸肉 300 克，番茄 1 个

配料 高汤 150 克，面粉 100 克，青豆、洋葱各 30 克，番茄酱 30 克，白糖 10 克，料酒 15 克，盐 3 克，植物油适量，鸡精少许

·操作步骤·

① 洋葱、番茄洗净切块；鸡肉洗净切块。

② 面粉、少许盐、料酒、适量水调成面糊，下入鸡肉块混合拌匀。

③ 取一油锅，油温七成热时，放入裹糊的鸡块炸至表面金黄，捞起沥油。

④ 锅中留底油，油热后下入鸡块、洋葱块炒香，再加入番茄块、番茄酱炒匀，加入高汤、青豆，调入盐、白糖、鸡精，以小火烧至收汁即可。

营养贴士 此菜有温中益气、美容养颜的功效。

操作要领 炸制鸡块的时候油温不要太高，否则容易炸煳。

珍珠酥皮鸡

主 料 鸡肉 400 克，鸡蛋 1 个

配 料 葱白 5 克，料酒、酱油各 5 克，胡椒粉 1 克，蒜蓉 10 克，干细豆粉 50 克，盐少许，植物油适量

·操作步骤·

① 鸡蛋与干细豆粉调成蛋糊；鸡肉切成块，用盐、酱油、料酒、胡椒粉、蒜蓉拌匀，腌 10 分钟。

② 将鸡块裹上一层蛋糊；葱白切丝备用。

③ 锅倒植物油，中火烧至五成热，下鸡块炸至皮面金黄酥香，捞出装盘，放上葱丝点缀即可。

·营养贴士· 此菜富有营养，有滋补养身的功效。

黑椒鸡脯

主 料 鸡胸肉 300 克，奶油 20 克

配 料 蒜末 5 克，盐、黑胡椒粉各 3 克，辣酱油、白酒各 10 克，植物油适量

·操作步骤·

① 将鸡胸肉洗净，用刀背交叉拍松；用盐、黑胡椒粉、辣酱油、白酒腌 35 分钟左右。

② 锅加热，放入奶油，烧至熔化，再放入鸡胸肉，以中火煎至熟且两面都呈现出金黄色捞出。

③ 锅倒植物油烧热，放入蒜末炒香，加入鸡脯翻炒片刻，撒上黑胡椒粉即可。

·营养贴士· 鸡肉含有对人体生长发育有重要作用的磷脂类，是中国人膳食结构中脂肪和磷脂的重要来源之一。

红枣皮蛋
煮苋菜

主料 皮蛋 2 个，鸡蛋 1
个，苋菜 150 克，
红枣 5 个

配料 植物油 15 克，蒜、
盐、鸡精各适量

·操作步骤·

① 蒜切块；红枣洗净；皮蛋
剥壳，切块；苋菜洗净后
切段。

② 净锅内倒植物油，烧热后
下蒜块爆香，放入皮蛋块
过一下油，加水烧开。

③ 稍熬一小会儿，待汤显出
白色的时候下苋菜、红枣，
打入鸡蛋搅散，煮几分钟。

④ 放入盐、鸡精调味即可。

·营养贴士· 苋菜富含易被人体吸收的钙质，对牙齿
和骨骼的生长可起到促进作用，并能维
持正常的心肌活动，防止肌肉痉挛。

·操作要领· 要想使皮蛋不粘刀，可以在刀刃上沾些
醋，沾一次醋切一下皮蛋。

三杯鸡

主料 鸡腿 600 克，红辣椒、青辣椒各 1 个

配料 姜 1 块，蒜 10 瓣，香油、蚝油、料酒各 15 克，盐 3 克，食用油、冰糖各适量

· 操作步骤 ·

① 鸡腿洗净剁块，姜、蒜切片，青辣椒、红辣椒分别切块。

② 将鸡肉块放入烧热的油锅中，先用小火炸 5 分钟，再调成大火炸 3 分钟，炸至表面呈金黄色，捞起沥油。

③ 锅内留底油，爆香姜片、蒜片、青辣椒、红辣椒，加入炸好的鸡肉块拌炒，再将香油、蚝油、料酒、盐、冰糖放入，用小火煮至汤汁浓稠即可。

· 营养贴士 · 鸡肉有温中益气、补虚填精的功效。

双黄蛋皮

主料 鸡蛋 2 个，咸鸭蛋 5 个，松花蛋 3 个

配料 姜汁 10 克，盐、鸡精各 3 克，面粉适量

· 操作步骤 ·

① 鸡蛋磕入碗中，加入鸡精、姜汁、盐、面粉、水打散，取一半蛋糊放入方形不粘锅中，小火摊成薄薄的蛋饼，取出晾凉，共摊 2 张。

② 咸鸭蛋去壳取黄，捏碎；松花蛋去壳，捏碎。

③ 蛋饼平铺在案板上，先将咸蛋黄放在里侧慢慢卷紧，中途再放松花蛋卷在一起，照此方法制作另一张蛋卷。

④ 将所有蛋卷放入盘中，待蒸锅水开后放入锅内，大火蒸 2 分钟，转小火蒸 1 分钟，出锅晾凉，切成小段即可。

· 营养贴士 · 此菜具有滋阴润燥、养心安神、益智补脑的功效。

醋焖鸡三件

主料 鲜鸡胗、鸡翅各 150 克，脱骨鸡爪 100 克

配料 黄醋、剁椒各 50 克，猪油 35 克，料酒 20 克，葱花、姜末各 10 克，盐 3 克，鸡精 2 克

·操作步骤·

① 鸡胗对半切开，撕去内筋，洗净，切成块；鸡翅、鸡爪洗净。

② 鸡翅、鸡爪、鸡胗一起放入沸水中氽过，投凉，沥水。

③ 鸡翅、鸡爪、鸡胗放入碗中，加入料酒、盐、姜末，入笼蒸 1 小时，至质地柔软时取出。

④ 炒锅放入猪油，烧至六成热时倒入鸡三件、蒸鸡原汁、剁椒，焖 2 分钟，再放入黄醋、鸡精、葱花，翻炒均匀即可。

·营养贴士· 鸡胗有消食健胃、涩精止遗的功效。

·操作要领· 此菜用醋焖鸡，又加剁椒，成菜颜色浅黄，酸辣味突出，富有地方特色。

生煎**鸡翅**

主料 鸡翅 600 克，菜心 50 克

配料 植物油 50 克，香葱 10 克，盐、白糖、酱油各适量

·操作步骤·

① 将鸡翅处理干净，在表面划上几刀，用盐稍腌；香葱洗净，切花。

② 油锅内放入白糖，炒到白糖熔化，变成金黄色时，放入鸡翅，用中火翻炒，直到每个鸡翅都变成金黄色。

③ 放入一些热水，水量以淹没鸡翅为宜；放入盐、酱油。

④ 用中火把鸡翅炖烂，汤汁变少时改大火把汁收浓（以不干锅为准）。

⑤ 烧水将菜心烫熟，然后过凉水，加盐拌匀，摆放盘中，在上面放上鸡翅，再撒上葱花即可。

·营养贴士· 此菜有强健脾胃、美容养颜的功效。

竹筒**豆豉鸡**

主料 仔鸡 1 只

配料 植物油 50 克，盐、鸡精各 4 克，胡椒粉 2 克，香油 2 克，料酒 10 克，郫县豆瓣酱 20 克，姜、蒜各 3 克，豆豉、干椒各 10 克

·操作步骤·

① 仔鸡剁成 2 厘米见方的小块；干椒切碎，姜、蒜切小片备用。

② 锅中倒入植物油烧至六成热，下入豆豉、郫县豆瓣酱、姜片、蒜片、干椒碎，大火煸出香味，放入仔鸡块，中火炒干水分，加盐、鸡精、胡椒粉、料酒，中火翻炒几下。

③ 炒匀后出锅放入竹筒，将竹筒盖上盖儿入笼旺火蒸 30 分钟，取出淋上香油即可。

·营养贴士· 此菜有健脾胃、活血脉、强筋骨的功效。

炸熘**仔鸡**

主 料 仔鸡半只，杭椒适量

配 料 大蒜 10 克，醋 6 克，白糖 3 克，湿淀粉 75 克，酱油 8 克，猪油（炼制）适量

·操作步骤·

① 仔鸡取出内脏，去掉嗉囊、食管和气管（留下鸡胗、鸡肝），洗净，剔去大骨，剁成块，鸡胗、鸡肝切成小块，用酱油、湿淀粉腌拌好；杭椒切成段，大蒜拍碎；将酱油、醋、白糖、湿淀粉放入碗中，调成味汁。

② 炒锅置旺火上，下猪油烧至七成热，将鸡肉、鸡胗、鸡肝下锅炸至金黄色捞起，待油烧至八成热时再下锅复炸至金红色，倒入漏勺沥去油。

③ 锅留底油，放入蒜碎、杭椒，煸炒出香味，倒入味汁烧开，放入鸡肉和鸡胗、鸡肝，颠翻几下即可。

·营养贴士· 鸡胸肉富含咪唑二肽，具有改善记忆力的功效。

·操作要领· 复炸后，鸡肉能够达到外焦酥、里软嫩的效果，以巩固初炸的成果。

姜汁**红油鸡**

主料 仔鸡1只，鸡蛋2个

配料 盐6克，红油10克，花椒油3克，醋5克，鸡精1克，葱10克，植物油、姜、桂皮、香叶、八角各适量

·操作步骤·

① 仔鸡宰杀后去毛，去腹脏洗净，入开水锅煮至断生捞出，洗净；鸡蛋磕入碗中，打散；葱切葱花，姜去皮切末。

② 另起锅，加水，下入姜、桂皮、香叶、八角、盐，水开后放入仔鸡，煮至熟烂捞出晾凉。

③ 取一空碗，以红油、花椒油、盐、醋、鸡精、葱花、姜末调成味汁。

④ 锅置火上，下植物油，油热后将鸡蛋炒熟，放在盘中；晾凉的仔鸡剁成块，码在鸡蛋上，将味汁浇在鸡肉上即可。

·营养贴士· 姜有祛寒、祛湿、暖胃、加速血液循环等多种保健功效。

鲜花椒**酱油鸡**

主料 大鸡腿2个

配料 酱油20克，鲜花椒30克，料酒30克，植物油20克，姜片、葱段各15克，沙姜10克，香油5克，白糖、盐各适量

·操作步骤·

① 大鸡腿洗净，抹干水分，在鸡腿上斜剖几刀，以便于入味。

② 鸡腿表面抹上一层料酒、酱油，腌渍15分钟。

③ 煮锅中加入酱油、盐、水、鲜花椒、植物油、香油、白糖、沙姜、姜片、葱段，放入鸡腿煮制，其间翻动多次，煮约25分钟，见汤汁浓稠，熄火即可。

·营养贴士· 花椒能使血管扩张，从而起到降低血压的作用。

元蘑炖山鸡

主料 山鸡1只，元蘑300克，油菜100克

配料 米醋、盐、酱油、姜、葱、花椒面、香油、清汤、熟猪油各适量

·操作步骤·

① 山鸡洗净，除去内脏，洗去血污，剁成块，装盘，加少许酱油腌渍；油菜洗净；葱切段，姜去皮拍松。

② 元蘑挑净杂质，去除菌根后装盘，加开水浸泡1~2小时；待完全回软后用温水漂洗两遍，再放入冷水浸泡后取出，撇去浮沫；将粗长的菌根切成段，厚大的菌伞切成不规则的片。

③ 炒锅置火上烧热，加熟猪油烧至五成热，放入山鸡块煸炒，加少许花椒面翻炒，烹酱油着色，加米醋、盐、葱段、姜块，加入清汤，放入元蘑、油菜，烧开后移慢火上炖至熟透，加香油即可。

·营养贴士· 此菜营养丰富，对儿童营养不良、妇女贫血、产后体虚、子宫下垂和胃痛、神经衰弱、冠心病、肺心病等都有很好的功效。

·操作要领· 元蘑一定要多清洗几遍，以免残留杂质。

干锅**鹅肠**

主 料▶ 鹅肠 200 克，青辣椒、
红辣椒各 1 个

配 料▶ 八角、干红辣椒、辣
椒酱、植物油、盐、
鸡精各适量

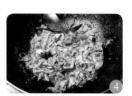

准备所需主材料。

将鹅肠用水焯制后切
段，将青辣椒和红辣椒
破开切块。

锅内放入植物油，放入
八角、青辣椒块、红辣
椒块、辣椒酱、干红辣
椒爆香，然后放入鹅肠
翻炒均匀。

至熟后，放入盐和鸡精，
翻炒均匀即可。

操作步骤

营养贴士： 鹅肠富含蛋白质、B 族维生素、维生素 C、维生素 A 和钙、铁等微量元素。
对人体新陈代谢，神经、心脏、消化和视觉的保护都有良好的作用。

操作要领： 焯制鹅肠不需要时间太长，30 秒即可，这样鹅肠才鲜美有嚼劲。

浏阳河鸡

主料 仔土公鸡1只（已处理）

配料 黄芪10克，干紫苏梗30克，路边荆15克，盐、白酒、姜、香芹各少许，植物油、鸡高汤各适量

·操作步骤·

① 将仔土公鸡洗净，剁成3厘米见方的块；黄芪、干紫苏梗、路边荆洗净；姜切成片；香芹洗净切段。

② 锅中放入植物油，烧至四成热，放姜片煸香，再放入鸡块用旺火煸炒，不断烹入白酒，炒香后放路边荆、黄芪、干紫苏梗一起翻炒，加入鸡高汤、盐，烧开后撇去浮沫后关火。

③ 将鸡块倒入罐子内，用小火煨20分钟至鸡肉软烂，拣去路边荆、黄芪、干紫苏梗，再次倒入锅中，用旺火收干汤汁，放上香芹段即可。

·营养贴士· 黄芪有增强机体免疫功能、保肝、利尿、抗衰老、抗应激、降压和较广泛的抗菌功效。

·操作要领· 鸡肉用小火煨熟，可使鸡肉更加浓香软烂。

什锦**烤鲜蛋**

主 料 鸡蛋 5 个，肉末 100 克，胡萝卜末、芹菜末各 50 克

配 料 盐、胡椒粉、番茄酱各适量

·操作步骤·

① 鸡蛋在碗中打散，加入肉末、胡萝卜末、芹菜末、盐、胡椒粉拌匀。

② 将拌好的鸡蛋糊放入烤箱中，烤约 17 分钟，至蛋液凝固。

③ 烤鸡蛋取出后，浇上番茄酱即可。

·营养贴士· 鸡蛋黄中含有丰富的卵磷脂、固醇类、维生素 A、维生素 D、B 族维生素及钙、磷、铁等微量元素。

干煎**凤片**

主 料 鸡胸肉 1 块，鸡蛋 2 个

配 料 葱、姜、蒜、盐、料酒、黑胡椒粉、花椒粉、色拉油各适量

·操作步骤·

① 鸡胸肉洗净，用牙签在上面扎几个小洞，葱、姜、蒜分别切末，鸡蛋只留蛋清在碗里。

② 将鸡胸肉放在碗内，用葱末、姜末、蒜末、料酒、盐腌入味后均匀地抹上一层黑胡椒粉和花椒粉，再挂上一层薄薄的蛋清。

③ 锅倒油烧热，放入鸡肉煎至两面焦黄即可。

·营养贴士· 鸡胸肉有温中益气、补虚填精、健脾胃、活血脉、强筋骨的功效。

炸**如意卷**

主 料▶ 鸡蛋 10 个，去皮五花肉 150 克

配 料▶ 盐 5 克，味精 1 克，湿淀粉 15 克，白肉汤 25 克，葱末、姜末各 5 克，麻油 4 克，花椒末 3 克，熟猪油、绍酒各适量

·操作步骤·

① 将鸡蛋打在碗里，加一点盐搅拌均匀，沿锅边均匀摊在倒有猪油的锅里煎成鸡蛋皮，取出晾凉。

② 将五花肉剁成细泥，加葱末、姜末、花椒末、绍酒、盐、味精、湿淀粉、麻油和白肉汤，搅拌成馅。

③ 将鸡蛋皮摊平，把肉馅放在离蛋皮一端约 6 厘米的地方，摊成长 1.5 厘米、粗 2 厘米的馅条。

④ 将馅包好，卷成云纹形的如意卷，摁成扁圆形卷。

⑤ 将猪油倒入炒锅内，置旺火烧到四五成热，下入切好的如意卷片，将两面都炸成金黄色即可。

·营养贴士· 鸡蛋蛋白质的氨基酸比例很适合人体生理需要，易为机体吸收。

·操作要领· 摊鸡蛋皮时要注意火候，不可过大。

辣椒**焖鸡**

主 料 仔公鸡半只，青杭椒 50 克

配 料 酱油 10 克，姜片、蒜片、葱段各 6 克，花椒 5 克，盐 3 克，植物油适量

·操作步骤·

① 仔公鸡洗净，控干水，斩成小块；青杭椒洗净，斜切段。

② 锅内放植物油烧热，下花椒、葱段炒出香味，下鸡块、姜片、蒜片大火炒至鸡肉发白。

③ 调入水、酱油、盐，加盖焖煮 15 分钟，加入青杭椒中火翻炒 5 分钟，待汤汁收干即可。

·营养贴士· 公鸡中富含丰富的氨基酸和胶原蛋白，能够很好地弥补人体的虚损，增强体质，提高免疫力。

蛤蜊**烧鸡块**

主 料 蛤蜊 400 克、带骨鸡肉 400 克

配 料 植物油、葱、姜、蒜、花椒、海鲜酱油、干辣椒、料酒、糖、盐、鸡精各适量

·操作步骤·

① 蛤蜊放在盐水中浸泡吐沙，然后沥干备用；带骨鸡肉剁小块备用。

② 锅置火上倒油，油热后下葱、姜、蒜、干辣椒和花椒爆锅，下鸡肉翻炒至表皮变色后加海鲜酱油、料酒、糖继续翻炒。

③ 加入开水没过鸡肉焖烧至熟，锅内剩少许汤汁时，下蛤蜊翻炒，根据口味调入盐、鸡精出锅。

·营养贴士· 蛤蜊含有蛋白质、脂肪、糖类、铁、钙、磷、碘、维生素、氨基酸和牛磺酸等多种成分。

干锅鸡

主　料 土鸡 800 克，芹菜 100 克

配　料 干辣椒 50 克，葱白 40 克，豆瓣酱
30 克，姜 25 克，豆豉、料酒各 15
克，香油 10 克，花椒、盐、白砂糖、
鸡精、味精各 5 克，猪油（炼制）、
卤水、火锅料各适量

·操作步骤·

① 干辣椒切段；芹菜洗净，切成长段；姜切
片；葱白切段；土鸡洗净，斩成块，放入
盆中，加盐、姜片、葱段、料酒和匀，码
味 10 分钟。

② 锅置旺火上，放入猪油，烧至七成热，放
入鸡肉炸干水分捞出。

③ 锅中另烧油至四成热，放入豆瓣酱、姜片、
葱段炒香，掺入卤水，下火锅料，烧开
至沸，熬几分钟；捞去料渣，倒入鸡块，
加料酒、豆豉、干辣椒、花椒、芹菜、
白砂糖、味精、鸡精、香油，拌匀即可。

·营养贴士· 土鸡肉中含有丰富的蛋白
质、微量元素，脂肪的含
量比较低。

·操作要领· 此菜中放入芹菜，可以起到
香而不腻的效果。

干锅板鸭煮莴笋

主料 板鸭1只，莴笋1根

配料 熟酱、盐、味精各适量

操作步骤

准备所需主材料。

板鸭切块；莴笋去皮，洗净，切条。

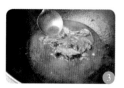
锅内放入熟酱、盐、味精和适量水，放入鸭肉。

待鸭肉熟后，再放入莴笋，煮至莴笋熟透即可。

营养贴士：鸭肉中含有较为丰富的烟酸，它是构成人体内两种重要辅酶的成分之一，对心肌梗死等心脏疾病患者有保护作用。

操作要领：食材要选用江苏板鸭制作，江苏板鸭肉质细嫩紧密，为上等的食材。

蒜香**炸仔鸡**

主料 仔鸡 1 只

配料 面粉 150 克，蒜末 20 克，葱段 15 克，姜片 10 克，料酒、香油各 15 克，酱油 8 克，盐 3 克，植物油适量

·操作步骤·

① 仔鸡洗净，去头、爪，斩成小块，放在碗内，加料酒、酱油、盐、葱段、姜片、香油拌匀，腌渍 2 小时。

② 面粉、蒜末、少许盐、适量水拌匀成面糊，将鸡块均匀地裹上面糊。

③ 锅中放植物油，烧至七成热时，将裹好糊的鸡块下入速炸 30 秒，再改用中小火炸 5 分钟，捞起。

④ 待锅内油温升高到八成热时，投入鸡块复炸 1 分钟，炸至外皮酥脆、金黄时，捞出控油即可。

·营养贴士· 大蒜可促进胰岛素的分泌，增加组织细胞对葡萄糖的吸收，提高人体葡萄糖耐量，迅速降低体内血糖水平，并可杀死因感染诱发糖尿病的各种病菌，从而有效预防和治疗糖尿病。

·操作要领· 中小火慢炸并且炸两遍，才能让鸡块更加金黄酥脆；鸡块炸好后最好用厨房用纸吸一下油。

豉油皇鸡

主 料▶ 三黄鸡 1250 克，西葫芦适量

配 料▶ 豆豉 100 克，冰糖 30 克，姜末、葱末共 50 克，丁香、八角、桂皮各 2 克，黄酒 15 克，植物油 30 克，鸡精 4 克，盐 8 克，干椒段、清汤、香油各适量

·操作步骤·

① 将三黄鸡宰杀，去毛，去内脏，洗净，稍晾干鸡身的水分，剁块；西葫芦洗净，去皮，切长条，过水焯熟码入盘中。

② 炒锅放植物油，放姜末、葱末、干椒段爆香，下清汤、豆豉、冰糖、八角、丁香、桂皮、黄酒、鸡精、盐和鸡，用文火煮，鸡熟后放在码有西葫芦条的盘中，淋上煮鸡的原汁和香油即可。

·营养贴士· 西葫芦富含维生素 C、葡萄糖等营养物质，尤其是钙的含量极高。

船娘煨鸡

主 料▶ 嫩母鸡（已处理）1 只，净鱼肉、虾肉各 125 克，蛋清 50 克

配 料▶ 猪油 100 克，淀粉 25 克，葱姜水 20 克，料酒 15 克，葱段、姜片各 15 克，盐 5 克，胡椒粉少许

·操作步骤·

① 净鱼肉和虾肉分别用刀背剁成泥，分别加入盐、蛋清、猪油、淀粉、胡椒粉、料酒与葱姜水，搅拌成糊状。

② 锅内放入冷水，将拌好的鱼肉和虾肉泥分别挤成丸子放入，把锅放在火上烧开，丸子浮起便熟。

③ 将鸡放入砂锅内，加入清水没过鸡身，烧开后撇去浮沫，放入葱段、姜片、盐，以小火将鸡煨烂，加入鱼丸和虾丸烧开即可。

·营养贴士· 母鸡肉对营养不良、畏寒怕冷、乏力疲劳、月经不调、贫血、虚弱等症状都有很好的食疗作用。

鸡豆花

主 料 鸡脯肉 125 克，鸡
蛋 4 个

配 料 鸡清汤 1500 克，
湿淀粉 40 克，熟
火腿末 5 克，川盐
3 克，鸡精 1.5 克，
胡椒粉 0.5 克，葱
花适量

·操作步骤·

① 将鸡脯肉去筋，捶成肉茸，盛入碗内，
用清水解散，加入鸡蛋清、湿淀粉、胡
椒粉、川盐，搅成鸡浆。

② 炒锅置旺火上，放入鸡清汤，加川盐烧沸，
再将鸡浆加鸡清汤调稀搅匀倒入锅内，
轻轻推动几下，烧至微沸；将锅移至小
火上，待鸡浆凝成雪花状时盛出。

③ 锅内清汤加鸡精注入碗内，最后撒上火
腿末、葱花即可。

·营养贴士· 鸡蛋清不但可以使皮肤变
白、细嫩，还具有清热解
毒和增强皮肤免疫功能的
作用。

·操作要领· 肉末捶茸时，若筋未去尽，
就不可能有豆花般的细嫩
的质感。

炸八块

主料 嫩仔鸡（已处理）1只，熟花生米 50克，蛋清50克

配料 湿淀粉100克，料酒20克，姜、葱各15克，白糖8克，盐5克，鸡精3克，植物油适量，椒盐少许

·**操作步骤**·

① 熟花生米去皮，碾碎；葱、姜用刀背拍破。

② 鸡肉洗净，去骨，用刀背捶松，切成3厘米见方的肉块，用料酒、盐、白糖、葱、姜、鸡精腌约1小时，挑去葱和姜，再用蛋清、湿淀粉浆好，滚上花生碎。

③ 炒锅内放植物油烧至六成热，将鸡块炸至金黄色，捞出控油。

④ 鸡块装入盘中，撒椒盐即可。

·**营养贴士**· 仔鸡的肉里含弹性结缔组织极少，容易被人体消化吸收。

芋头烧仔鸡

主料 仔鸡半只，芋头200克

配料 剁椒30克，料酒30克，生抽5克，老抽4克，姜片、蒜片各10克，冰糖5克，盐3克，干辣椒段、植物油各适量，葱花少许

·**操作步骤**·

① 仔鸡洗净切成块，用清水泡去血水，加入料酒、少许盐腌15分钟；芋头去皮洗净，切滚刀块。

② 炒锅热油，爆香姜片、蒜片、剁椒、干辣椒段，放入鸡块煸炒片刻至鸡肉变色，调入老抽、生抽、冰糖、适量盐炒匀。

③ 倒入没过食材的温水，大火煮开再转中小火炖煮15分钟，放入芋头块，炖至软糯，大火收稠汤汁，撒入葱花即可。

·**营养贴士**· 此菜有美容养颜、帮助消化的功效。

拔丝**鸡盒**

主　料 鸡脯肉 300 克，北京果脯 100 克，红樱桃丁、绿樱桃丁共 6 克

配　料 植物油、白糖、面粉、发面、食用碱、白芝麻各适量

·操作步骤·

① 鸡脯肉洗净切成直径 3 厘米的圆片，挂上面粉；果脯洗净剁成馅。

② 发面加水调匀，加适量碱调成发面糊。

③ 炒锅上火放油烧至五六成热，每两片鸡片中间加入果脯馅成鸡盒状，裹上发面糊，逐一投入油锅内，慢火炸至鸡盒漂浮、呈金黄色时，捞出控油。

④ 锅留底油，放入白糖，将糖熬至浅黄色时投入炸好的鸡盒颠炒，使糖汁均匀地裹在鸡盒上出锅装盘，再撒上红樱桃丁、绿樱桃丁、白芝麻即可。

·营养贴士· 果脯中含量最多的是糖，其中转化糖占总糖量的 50% 以上，这种糖易为人体吸收利用。

·操作要领· 在果脯中加入蜂蜜味道更爽口。

砂锅松蘑鸡

操作步骤

主料 鸡1只，松蘑各适量

配料 酱油、食用油、盐、味精、香菜各适量

准备所需主材料。

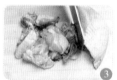
将松蘑放入清水中泡发；将香菜切段。

将鸡肉切成适口小块，放入沸水锅内焯一下。

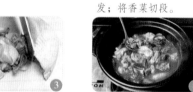
锅内放入食用油，油热后放入鸡块翻炒片刻，放入酱油和适量水，待水开倒入砂锅中，然后放入松蘑炖煮，至熟后放入盐、味精调味，最后放入香菜即可。

烹饪心得

营养贴士：松蘑中含有铬和多元醇，松蘑内的抗氧化矿物质还可以抗肉瘤，因此，它在健胃、防病、抗癌、治糖尿病方面有辅助治疗作用，还有减缓衰老的功效。

操作要领：焯鸡肉时，时间不宜过长，肉表皮变色后即可捞出。

银芽**鸭肠**

主料 鸭肠 300 克，豆芽 150 克

配料 植物油 50 克，干辣椒、酱油、红油、盐、鲜花椒、蒜末各适量

·操作步骤·

① 将鸭肠清洗干净，切成长段备用。

② 豆芽清洗干净，去除头尾，入沸水锅中略焯，捞出沥干水分备用；把干辣椒切丝备用。

③ 炒锅倒植物油加热，把蒜末倒入锅中爆香，然后将鸭肠、豆芽、干辣椒、鲜花椒倒入翻炒，加入酱油、红油、盐调味即可。

·营养贴士· 鸭肠富含蛋白质、B 族维生素、维生素 C、维生素 A 和钙、铁等微量元素。对人体新陈代谢、神经、心脏、消化和视觉的维护都有良好的作用。

·操作要领· 煮鸭肠的时间不宜太长，断生即可，以免过老，影响口感。

家常豆腐鸡

主 料 鸡腿 1 个，豆腐 1 块

配 料 盐 3 克，鸡精 4 克，豆瓣酱 10 克，植物油、料酒、酱油、白糖、水淀粉、香油、香菜段、姜末、蒜末各适量

·操作步骤·

① 鸡腿去骨切成 3 厘米见方的块，入盆加姜末、蒜末、盐、酱油、料酒拌匀腌渍 30 分钟；豆腐洗净，切薄片。

② 坐锅点火倒入植物油，放入鸡腿肉煸熟取出。

③ 锅中留少许油，至四成热时下豆瓣酱炒香，倒适量开水，加料酒、酱油、盐、鸡精、白糖调味。

④ 烧沸后，放入豆腐烧入味，再将鸡肉放入，加水淀粉勾芡，撒上香菜段，淋上香油即可。

·营养贴士· 此菜有轻身强智、补中益气的功效。

·操作要领· 鸡腿在腌渍的时候已经放了盐，烧制的过程中一定要注意盐的用量。

干锅鸡翅

主料 鸡翅 500 克，宽粉、泡发木耳、鲜香菇各 100 克

配料 芹菜 20 克，植物油、蒜、盐、老抽、白糖、鸡精、蚝油、豆瓣酱各适量

·操作步骤·

① 芹菜洗净切段，焯水；蒜切末；宽粉泡发；木耳撕成小块；香菇择洗干净。

② 鸡翅洗净焯水，沥干后，入油锅炸至外皮金黄，捞出。

③ 取一个空碗，放入老抽、白糖、鸡精、蚝油，将炸好的鸡翅浸入其中腌渍。

④ 锅内重新放少许植物油，下豆瓣酱炒出红油，下腌好沥干水分的鸡翅、蒜末、宽粉、木耳、香菇煸炒，用盐调味，加适量水煮至宽粉熟透，关火放入芹菜段即可。

·营养贴士· 鸡翅富含胶原蛋白，对保持皮肤光泽、增强皮肤弹性均有好处。

·操作要领· 鸡翅腌渍的时间以 10 分钟为宜，这样既入味又不至于太咸，可以让鸡翅更为鲜美。

鸡肾鸭血

主料 鸡肾 300 克，鸭血 200 克，豆豉、泡菜各 30 克

配料 色拉油 20 克，大葱 10 克，味精 2 克，白砂糖 3 克，盐、淀粉各 5 克，鲜汤少许

·操作步骤·

① 鸡肾去筋膜，氽熟待用；鸭血切成菱形块；大葱切成葱花。

② 锅内下少许色拉油，加豆豉、泡菜炒出味，加鲜汤吃味。

③ 放入鸡肾、鸭血同烧至入味；用淀粉勾芡，加白砂糖和味精，撒上盐，收汁，撒上葱花即可。

·营养贴士· 鸡肾性平，味甘，无毒，风干火焙入药，可治头晕眼花、咽干、耳鸣、耳聋、盗汗等病症。

·操作要领· 选择豆豉的时候，使用四川豆豉味道最好。

辣椒泡鱼

主料 草鱼肉 500 克，黄瓜 100 克，红杭椒 50 克

配料 姜片、蒜瓣各 10 克，白酒 15 克，盐 2 克，冰糖、鸡精各 3 克，八角、枸杞各适量

·**操作步骤**·

① 草鱼肉洗净，切成片，入沸水锅中汆至八成熟捞出；黄瓜洗净，切条。

② 取一容器装入适量冷开水，调入盐、冰糖、白酒、鸡精，将姜片、蒜瓣、枸杞、八角、一并泡入冷开水中，约 5 小时后即成卤汁。

③ 将鱼片、红杭椒、黄瓜入卤汁中浸泡约 30 分钟即可。

·**营养贴士**· 草鱼富含硒元素，经常食用有抗衰老、养颜的功效。

芝麻章鱼

主料 章鱼 500 克，白芝麻适量

配料 葱段、姜片、盐、料酒、鸡精、椒盐、油各适量

·**操作步骤**·

① 章鱼择好，洗净，与葱段、姜片、盐、料酒、鸡精一同放入容器，腌渍 1 个小时。

② 将腌好的章鱼入开水中焯烫一下，捞出沥水，用白芝麻裹匀。

③ 锅置火上，倒油烧热，将腌好的章鱼下入锅中炸至金黄色捞出，用椒盐蘸食即可。

·**营养贴士**· 章鱼性平，味甘、咸，入肝、脾、肾经，具有补血益气、治痈疽肿毒的功效。

葱拌**海螺**

操作步骤

主 料▶ 海螺 500 克，葱 50 克

配 料▶ 盐、味精各适量

①

②

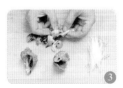
③

④

准备所需主材料。

把海螺收拾干净，上锅蒸熟。

将葱切丝；将海螺肉抠出。

把海螺肉装入碗内，放入葱丝，加入盐、味精搅拌均匀即可。

烹饪心得

营养贴士：此菜对目赤、黄疸、脚气、痔疮等疾病有良好的食疗作用。

操作要领：海螺一定要多清洗几遍，以免残留的泥沙影响口感。

油淋**鲜鱿**

主料 鲜鱿鱼 500 克，青尖椒、红尖椒各 1 个

配料 大葱、花生油各适量

·操作步骤·

① 将鱿鱼洗净切长片；大葱、青尖椒、红尖椒分别切丝。

② 将鱿鱼放在锅中蒸约 1 分钟，然后装入盘中。

③ 锅中倒入花生油，一直烧至 200℃，然后一遍遍浇在鱿鱼上，直至鱿鱼熟透，最后在上面撒上葱丝和尖椒丝即可。

·营养贴士· 此菜有缓解疲劳、造血补血的功效。

金秋日**蟹锅**

主料 螃蟹 300 克，银耳、鱼丸、冬笋、胡萝卜各适量

配料 蒜汁、姜汁、盐、植物油、白糖、高汤、米酒各适量

·操作步骤·

① 螃蟹洗净备用；银耳泡发备用；鱼丸解冻备用；胡萝卜洗净削皮切片备用；冬笋切段备用。

② 坐锅倒植物油加热，下蒜汁、姜汁爆香，放入胡萝卜片、冬笋段、螃蟹翻炒，烹入米酒，加盐、白糖、高汤，倒入适量开水小火慢炖。

③ 将鱼丸放入蟹锅中，加入银耳煮熟即可。

·营养贴士· 蟹中含有较多的维生素 A，对皮肤的角化有帮助。

锅鳎鱼盒

主 料▶ 偏口鱼肉200克，猪肉泥100克，鸡蛋黄3个

配 料▶ 葱花、姜末共8克，干淀粉30克，清汤75克，绍酒、盐、芝麻油、花生油各适量，红椒丁少许

·操作步骤·

① 猪肉泥加盐、芝麻油搅成馅；偏口鱼肉洗净，片成片；在两片鱼肉片中间夹上肉馅，制成盒形；鸡蛋黄加干淀粉搅匀成蛋黄糊，备用。

② 炒锅内加入花生油，中火烧至五成热时，将鱼盒裹匀蛋黄糊下锅，煎至两面呈金黄色时，倒出控油。

③ 锅留底油，中火烧至五六成热时，用葱花、姜末爆锅，加入绍酒烹一小会儿，再加入清汤、少许盐，将鱼盒倒入锅内以旺火烧开，再用小火煨至熟，汁稠浓将尽时，撒上葱花、红椒丁，淋上芝麻油即可。

·营养贴士· 偏口鱼肉质细嫩，味道鲜美，且小刺少，尤其适宜老年人和儿童食用。

·操作要领· 切鱼片时厚度要掌握好，不可太厚。

山药桂圆炖甲鱼

主料 甲鱼1只，山药60克，桂圆50克

配料 盐少许，香菜适量

·操作步骤·

① 将甲鱼宰杀，去内脏洗净；山药去皮切片；桂圆剥壳。

② 甲鱼连甲带肉加适量水，与山药片、桂圆肉清炖。

③ 至炖熟，加少许盐调味，放上香菜即可。

·营养贴士· 本汤有滋阴潜阳、散结消、补阴虚、清血热的功效，适用于肝硬化、慢性肝炎等症。

炸虾排

主料 白虾750克，鸡蛋清100克

配料 干淀粉50克，盐、黄酒、葱汁、姜汁、猪油、面包糠各适量

·操作步骤·

① 白虾掐去头部外壳留尾，用黄酒、盐、葱汁、姜汁腌10分钟，制成虾排生坯；鸡蛋清加干淀粉打成蛋泡糊。

② 炒锅置旺火上，放入猪油，烧至五成热，将虾排裹上蛋泡糊，下油锅炸至挺身捞出。

③ 待油温升到六成热时，再下入虾排重炸一次，捞出沥油，挂上面包糠放即可。

·营养贴士· 鸡蛋清润肺利咽、清热解毒，适宜咽痛音哑、目赤、热毒肿痛者食用。

石锅**烧鱼杂**

主 料 鱼子、鱼肠、鱼鳔
各适量

配 料 葱、姜、蒜、干辣
椒、油菜、盐、料酒、
酱油、高汤、白糖、
胡椒粉、淀粉、鸡
精、色拉油、明油
各适量

·操作步骤·

① 葱切花；姜、蒜分别切片；
干辣椒切段；油菜去根洗
净。

② 鱼子、鱼肠、鱼鳔清洗干
净，放沸水锅中焯一下。

③ 锅中加色拉油，放入葱花、
姜片、蒜片、干辣椒段，
炒出香味后放鱼杂，加料
酒、盐、酱油、胡椒粉、
白糖、高汤，用小火烧入
味，放鸡精调好口味，用
淀粉勾薄芡，淋明油。

④ 石锅烧热，刷少许色拉油，
油菜焯水后放入锅底，将
烧好的鱼杂盛在上面，撒
上余下的葱花即可。

·营养贴士· 鱼子富含蛋白质、钙、磷、铁、维生素
和核黄素，也富有胆固醇，是人类大脑
和骨髓的良好补充剂、滋长剂。

·操作要领· 鱼子易散，烹制时尽量不要翻动。

软煎**鲅鱼**

主 料 鲅鱼 300 克，鸡蛋 2 个

配 料 面粉 50 克，植物油 40 克，黄油 15 克，盐 5 克，鸡精 3 克，胡椒粉少许

·操作步骤·

① 鲅鱼宰杀，去除鱼头，洗净，斜刀切片，用胡椒粉、盐、鸡精拌匀，腌渍 10 分钟左右，裹上一层面粉。

② 鸡蛋磕入碗内，加剩余的面粉搅匀，成鸡蛋糊。

③ 平底锅置火上，放入植物油烧热，鱼片裹匀鸡蛋糊放锅内，煎至两面呈金黄色，控去余油，再放入黄油，中小火煎熟即可。

·营养贴士· 此菜有补气平喘、提神抗衰的功效。

天妇罗**炸虾**

主 料 鲜虾 300 克，蛋黄 1 个

配 料 低筋面粉 100 克，姜汁 15 克，盐 3 克，番茄酱、植物油、淀粉各适量

·操作步骤·

① 鲜虾去掉外壳、虾头，抽去虾线，保留尾部，用姜汁、盐腌渍片刻。

② 低筋面粉、蛋黄、清水、盐调匀，制成面糊。

③ 中火起油锅，等有小气泡冒出时，先把虾在淀粉里裹一下，抖掉多余的淀粉，然后再裹一层面糊，下油锅炸至金黄色，捞出摆盘。

④ 番茄酱放入小盘中，吃时蘸用即可。

·营养贴士· 此菜有补肾填精、美容养颜的功效。

石竹茶**炸鱼**

主料 刀鱼 300 克，石竹茶 50 克，鸡蛋 1 个

配料 黄酒 20 克，生粉 80 克，五香粉、盐各 5 克，植物油适量

·操作步骤·

① 刀鱼处理干净，切成段，用黄酒、五香粉、适量盐腌 1 小时；石竹茶用 50 克沸水冲泡开待用。

② 鸡蛋磕入碗中打散，加入 20 克石竹茶及茶水、生粉拌匀，制成蛋糊；将鱼段均匀地裹上蛋糊；剩余石竹茶捞出，控干水分。

③ 锅中置油烧热，六成热时下入刀鱼，炸至金黄色捞出控油。

④ 改小火，将剩余石竹茶放在漏勺内，快速过一下油，捞出控油，放入碗内，撒少许盐拌匀，再放入炸好的鱼即可。

·营养贴士· 此菜有清热解暑、消渴利尿的功效。

·操作要领· 炸鱼的时候要掌握好火候，千万不要炸煳了。

甜椒带鱼

主料 带鱼 400 克，甜椒 50 克

配料 淀粉 50 克，料酒 20 克，醋、酱油
各 8 克，蒜汁、姜汁各 10 克，白
糖 10 克，盐 5 克，植物油适量，
鸡精少许

·操作步骤·

① 带鱼洗净，沥干水分，切成段，两面分
别拍上一层薄薄的淀粉；甜椒洗净，切
成片。

② 锅内加植物油，烧至六成热时改小火，
逐块放入带鱼，炸至两面金黄捞出沥油。

③ 锅中留底油，放入带鱼，调入料酒、蒜汁、
姜汁、酱油、盐、白糖，加水，大火烧
开后改小火烧至汤汁浓稠。

④ 放入甜椒烧熟，加入鸡精和醋，颠炒均
匀即可。

·营养贴士· 此菜有补充钾钙、稳定血压的
功效。

干烧黄颡鱼

主料 黄颡鱼 1 条

配料 葱姜水 30 克，豆瓣酱 30 克，料酒
15 克，老抽 5 克，白糖 10 克，盐 5
克，鸡精 3 克，植物油、姜末、蒜末、
葱花、淀粉各适量

·操作步骤·

① 黄颡鱼收拾干净，在鱼身上划几刀，用
一半料酒、葱姜水、适量盐腌好，鱼两
面拍上淀粉。

② 锅中烧油，油温七成热时，将黄颡鱼下
锅煎至两面金黄。

③ 另起锅，烧油，下入姜末、蒜末、豆瓣
酱炒出红油，放入老抽、少许盐、白糖、
鸡精、剩余料酒、水，将黄颡鱼放入锅
中烧熟，至汤汁收干，撒上葱花即可。

·营养贴士· 此菜有补充微量元素、增强体
质的功效。

金蒜烧鳝段

主料 去骨鳝鱼 400 克，大蒜 1 头

配料 芹菜 20 克，植物油、蚝油、老抽、酱油、盐、淀粉、麻油各适量

·操作步骤·

① 芹菜切小段；大蒜剥皮；鳝鱼切段，用淀粉、水、老抽调成的水浆裹匀。

② 锅中加植物油，八成热时倒入鳝鱼段炸制，炸酥即可；再炸蒜瓣至金黄。

③ 锅留底油，添入清水，倒入鳝鱼段、蒜瓣、蚝油、酱油、盐，小火烧至汁黏稠，捞出鳝鱼段、蒜瓣装盘，浇上汤汁、麻油，撒上芹菜段即可。

·营养贴士· 此菜有控制血糖、养颜排毒的功效。

·操作要领· 鳝鱼段一定要切得大小均匀，这样才能保证熟度一致。

酸辣笔筒鱿鱼

主料 水发鱿鱼 300 克，瘦猪肉末 50 克，
酸菜 25 克

配料 植物油、碱水、酱油、黄醋、味精、盐、
葱花、湿淀粉、清汤、泡椒各适量

操作步骤

① 泡椒、酸菜切段；鱿鱼剞十字花刀，切
成长方形的片，在温水中焯烫一下，放
入碱水中浸 30 分钟捞出，漂去碱味，加
盐、湿淀粉入味，放在八成热的植物油
中炸熟捞出。

② 锅留底油，放入肉末、泡椒、葱花炒出
香味，放鱿鱼、酸菜翻炒至熟。

③ 加酱油、黄醋、味精合炒，再加清汤烧开，
用湿淀粉勾芡即可。

营养贴士 鱿鱼富含蛋白质、钙、牛磺酸、
磷、维生素 B_1 等多种人体所
需的营养成分，且含量极高。

酥炸虾段

主料 大虾 250 克，鸡蛋 1 个

配料 水淀粉、植物油、料酒、盐、蒜酱、
辣酱各适量

操作步骤

① 大虾洗净去皮，切成段，撒上盐、料酒
腌 10 分钟；鸡蛋取蛋清备用；将虾段裹
上水淀粉，再挂上蛋清。

② 锅中倒油，油烧至八成热时倒入大虾，
炸至金黄控油出锅。

③ 准备蒜酱和辣酱，蘸虾即可。

营养贴士 此菜有补虚健体、通经活络的
功效。

湘西土家鱼

主料 活鳜鱼 1 条，烟笋丝 50 克，泡红椒丝 10 克，肥腊肉丝 25 克，咸菜丝 15 克

配料 蒜 8 克，小葱花 3 克，料酒 10 克，盐、鸡精各 5 克，白糖 3 克，酱油、红油、陈醋各 5 克，色拉油、生粉各适量

·操作步骤·

① 鳜鱼剖腹宰杀，刮净鱼鳞，洗净鱼腹中的血水，两面剞上十字花刀。

② 锅中放色拉油，烧至四成热，放入鱼，小火煎至两面金黄发硬，烹入料酒，下入蒜、烟笋丝、泡红椒丝、肥腊肉丝、咸菜丝；再放酱油、鸡精、白糖、红油、陈醋，加入热水将鱼浸没，大火烧开后盖上盖子，小火焖 15 分钟，收至略有汤汁时，放盐调味，盛入盘中；留原汁用生粉勾薄芡，倒入盘中，撒上小葱花即可。

·营养贴士· 鳜鱼含有蛋白质、脂肪、少量维生素、钙、钾、镁、硒等营养元素，肉质细嫩，极易消化，对儿童、老人及体弱、脾胃消化功能不佳的人来说，吃鳜鱼既能补虚，又不必担心消化困难。

·操作要领· 鱼要用小火煎，不然容易煎煳。

奶油鳕鱼烩松茸

主料 鳕鱼肉 200 克，松茸 150 克，淡奶油 150 克

配料 黄油 20 克，料酒 15 克，蒜末 10 克，盐 5 克，清汤适量，葱花、黑胡椒粉各少许

·操作步骤·

① 鳕鱼洗净，切块，用黑胡椒粉、料酒、适量盐腌渍 15 分钟；松茸洗净，切片。

② 平底锅中放入黄油，熔化后放入蒜末、鳕鱼肉、松茸煎出香味，加入适量清汤煮开，烩至食材熟透。

③ 加入淡奶油再次煮开，加盐调味，转大火煮至汤汁浓稠，关火盛出，撒入葱花即可。

·营养贴士· 此菜有益胃补气、强心补血的功效。

香豉酱牛蛙

主料 牛蛙 450 克

配料 豆豉酱 50 克，八角、桂皮各 6 克，香叶 5 克，酱油 10 克，味精 4 克，白糖 8 克，葱末、姜末、蒜末、剁椒各适量

·操作步骤·

① 将牛蛙宰杀，去内脏，洗净，切块，放入开水中烫泡去腥，捞出冲净备用。

② 坐锅点火加入清水，下入八角、香叶、桂皮、酱油、味精、白糖、葱末、姜末、蒜末、剁椒煮开，制成酱汤待用。

③ 将牛蛙放入酱汤中，加入豆豉酱，以小火温煮 10 分钟后再用大火将酱汤收至八分浓，然后将牛蛙取出装盘，最后把剩余的酱汁浇在牛蛙上即可。

·营养贴士· 牛蛙具有滋阴壮阳、养心、安神、补气的功效，有利于患者的康复。

煎糟**鳗鱼**

主料 河鳗 500 克

配料 花生油、酱油、味精、黄酒、白糖、
香糟汁、湿淀粉、肉清汤、五香粉、
咖喱粉、姜末、蒜末、葱末、芝麻
油各适量

·操作步骤·

① 将鳗鱼宰杀洗净，切成块，用酱油、味精、
黄酒、白糖、香糟汁浆腌渍 7 分钟，加湿
淀粉抓匀。

② 锅置旺火上，下花生油烧至七成热，鳗鱼
块下锅，拨散炸 5 分钟，捞出滗去油，装盘。

③ 锅置旺火，加肉清汤、芝麻油、白糖、
五香粉、咖喱粉、姜末、蒜末、葱末搅匀，
食用时淋在鳗鱼上即可。

·营养贴士· 鳗鱼含有丰富的维生素 A、
维生素 E，对于预防视力退
化、保护肝脏、恢复精力
有很大益处。

·操作要领· 鳗鱼块用调料腌渍一段时间
后，再加湿淀粉抓匀，这
样可使鳗鱼块充分入味。

竹网烧汁白鳝

主 料 白鳝 500 克

配 料 葱白、日式烧汁、鸡粉、糖、味精、盐、胡椒粉、老抽、香油、植物油各适量

·操作步骤·

① 将白鳝宰杀洗净，剔出鱼刺，切成寸段；葱白切片。

② 将日式烧汁、鸡粉、味精、糖、老抽、盐、胡椒粉、香油兑成味汁，腌渍鳝肉；将用葱白片包好的鳝段放入烧热的植物油中炸熟即可。

·营养贴士· 白鳝富含锌、多不饱和脂肪酸和维生素 E，可防衰老和动脉硬化，具有护肤美容的功效，是女士们的天然、高效美容佳肴。

香汁鲨鱼皮

主 料 鲨鱼皮 300 克

配 料 香菜茎 10 克，生姜、葱白各 10 克，盐、味精各 5 克，清汤 50 克，麻油、蚝油各 5 克，料酒 10 克，红椒丁适量

·操作步骤·

① 鲨鱼皮切成段；生姜切片；葱白切花；香菜茎切丁。

② 鲨鱼皮用开水煮透，加入料酒煮 5 分钟，捞起待用。

③ 热锅下麻油，放入姜片煸炒，下入清汤、鲨鱼皮、盐、味精、蚝油，用小火烹至香浓时，撒入香菜丁、葱花、红椒丁即可。

·营养贴士· 鲨鱼皮含有大量胶体蛋白和黏液质及脂肪。

八珍**大鱼头**

主料 鲢鱼头1个，八珍（香菇、海参、裙边、虾仁、冬笋、火腿、干贝、鱼唇）适量

配料 高汤500克，油15克，白胡椒粉5克，米酒、醋、盐、糖各少许

·操作步骤·

① 鱼头洗净，从中间劈开切块，八珍（香菇、海参、裙边、虾仁、冬笋、火腿、干贝、鱼唇）洗净改刀备用。

② 炒锅下油烧热，将鱼头块入锅煎3分钟，表面略微焦黄后加入高汤，大火烧开。

③ 汤开后放醋、米酒，煮沸后放入八珍，盖锅盖焖炖20分钟；汤烧至奶白色后调入盐和糖，撒入白胡椒粉即可。

·营养贴士· 鲢鱼有健脾补气、温中暖胃、散热的功效。

·操作要领· 最后在汤中加入炖鱼料能够增鲜，提升菜品的整体口感。

干锅**鱼杂**

主 料 鱼子 300 克，鱼鳔、鱼白各 100 克，豆腐 200 克

配 料 干辣椒 20 克，葱、姜、蒜、盐、豆瓣酱、植物油、清汤各适量，芹菜少许

·操作步骤·

① 鱼子、鱼鳔、鱼白洗净，焯水；豆腐切块，放入开水中余烫 1 分钟捞出；芹菜切段；葱、姜、蒜切成末。

② 锅中倒植物油烧热，下入鱼子、鱼鳔、鱼白翻炒，下入葱末、姜末、蒜末、干辣椒一起翻炒。

③ 放入豆腐块略翻炒，加清汤少许，下入盐、豆瓣酱，烹制 3 分钟即可。

·营养贴士· 鱼鳔富含蛋白质、脂肪、钙、磷、铁等，有补肾益精、补肝息风、止血、抗癌等功效。

豆瓣**鱼**

主 料 鲫鱼 1 条

配 料 盐 2 克，白糖、鸡精各 5 克，花椒 5 粒，葱花少许，葱末、姜末、蒜末、酱油、高汤、食用油、豆瓣酱、水淀粉各适量

·操作步骤·

① 鲫鱼去鳞、鳃、内脏后洗净，用刀在鱼身两面划数刀，抹上少许盐；豆瓣酱剁碎。

② 炒锅中倒入食用油烧至六成热，放鱼煎至两面金黄，盛出；锅中留底油，下豆瓣酱和葱末、姜末、蒜末、花椒炒出香味。

③ 油呈红色时加入鸡精、酱油和高汤，放入煎好的鱼，盖上锅盖煮大约 5 分钟（中间记得加白糖）后将鱼盛到盘内，剩下的汤汁用水淀粉勾芡后淋在鱼身上，撒上葱花即可。

·营养贴士· 鲫鱼具有益气健脾、消润胃阴、利尿消肿、清热解毒的功效。

口水牛蛙

主 料 牛蛙 2 只，红辣椒 1 个

配 料 豆瓣酱、十三香、干辣椒、花椒、葱段、姜片、蒜末、黄酒、啤酒、盐、味精、糖、油、老抽各适量，香菇若干，青蒜少许

·操作步骤·

① 牛蛙洗净切块；红辣椒、香菇切丁；青蒜切段。

② 起油锅，待油开后下葱段、姜片、蒜末、花椒、干辣椒爆香；放入牛蛙翻炒，淋上黄酒及少许老抽，放入红辣椒、香菇，继续翻炒出香味。

③ 加入适量豆瓣酱，撒上十三香继续翻炒，倒入两杯啤酒，大火收汁。

④ 放盐、味精、糖调味，出锅，并放上青蒜段。

⑤ 另起油锅，放适量油烧开，浇在牛蛙上即可。

·营养贴士· 牛蛙是一种高蛋白质、低脂肪、低胆固醇的营养食品。

·操作要领· 为保证香辣的口感，一定要使用四川朝天椒作为调料进行制作。

干锅滋**小鱼**

主 料 刁子鱼 500 克，绿椒丁适量

配 料 油、剁椒、蒜末、姜末、生抽、醋、
料酒、盐、糖各适量

·操作步骤·

① 刁子鱼处理干净后，内外抹少量盐，腌
2 ~ 3 小时，腌的时候上面用重一点的东
西压一下。

② 锅中放少量油，小火把刁子鱼煎到两面
金黄，盛出，再放少量油，爆香蒜末、
姜末和剁椒。

③ 刁子鱼再入锅，开大火，加适量生抽、醋、
料酒、糖，待汤汁将尽，加入绿椒丁即可。

·营养贴士· 刁子鱼肉性温，味甘，有开胃、
健脾、利水、消水肿的功效。

湘江**鲫鱼**

主 料 鲫鱼 1 条

配 料 碎干椒 5 克，葱、姜各 10 克，料
酒 30 克，香油 3 克，蒜泥、陈醋、
盐、味精、植物油各适量

·操作步骤·

① 将鲫鱼粗加工后，清洗干净，放葱、姜、
料酒腌约 10 分钟；姜切末，葱切花。

② 锅内倒植物油，烧至七成热，下入鲫鱼，
炸至金黄色捞出。

③ 锅内放香油，下入姜末、蒜泥、碎干椒
炒香，加入盐、味精，烹入陈醋，倒入
鲫鱼翻炒入味，撒上葱花即可。

·营养贴士· 此菜有健脾、开胃、益气、利水、
通乳、除湿的功效。

海鲜香焖锅

【主料】 黑草鱼1条，水蟹1只，大虾400克

【配料】 高汤1000克，鸡粉10克，盐8克，色拉油、姜片、小葱段、大蒜粒、红椒段各适量

·操作步骤·

① 黑草鱼宰杀洗净，将头取下，鱼身切大段备用；锅内放入色拉油50克，烧至六成热时将鱼身放入锅内再用小火煎4分钟至两面金黄，起锅搁盘。

② 锅内放入色拉油100克，烧至六成热时放入洗净的水蟹小火煎3分钟至两面发红，起锅搁盘。

③ 大虾洗净，从背部开刀，取出虾线。锅内放入色拉油50克，烧至七成热时放入大虾小火两面煎30秒钟至发红，起锅搁盘。

④ 锅中倒水，将煎好的黑草鱼、水蟹、大虾入锅中，加入调料（色拉油除外）后将锅放在火上中火焖约5分钟即可。

·营养贴士· 水蟹含有丰富的蛋白质、微量元素等营养成分，对身体有很好的滋补作用。

·操作要领· 水蟹下锅后煮熟就行了，煮太久鲜味会挥发了。

炸鳕鱼排

主　料▶ 鳕鱼 350 克，
　　　　面包糠适量

配　料▶ 食用油、椒盐
　　　　各适量

操作步骤

① 准备所需主材料。

② 将鳕鱼改刀成 5 厘米长的条状。

③ 将鳕鱼条裹满面包糠。

④ 将裹好面包糠的鳕鱼放入油锅内炸熟，捞出控油。

⑤ 将炸熟后的鳕鱼横刀切开，撒上椒盐即可。

烹饪心得

营养贴士：鳕鱼肉中含有丰富的镁元素，对心血管系统有很好的保护作用，有利于预防高血压、心肌梗死等心血管疾病。

操作要领：大西洋鳕鱼的肉质细嫩，故而食材要使用大西洋鳕鱼制作。

功夫**鲈鱼**

主 料 鲈鱼500克,青杭椒、红杭椒各70克,小油菜、西红柿各100克

配 料 排骨酱、姜、鸡精、香葱、油、盐各适量

·操作步骤·

① 青杭椒、红杭椒洗净切圈;西红柿洗净切片;小油菜洗净备用;姜洗净切末;香葱洗净,切花;鲈鱼洗净,去头、尾,切厚片。

② 将鲈鱼下油锅炸至金黄,捞出;炒锅内加少量油,下姜末、排骨酱、西红柿片炒香,加水烧开后将鲈鱼放入锅中,加入盐,盖盖焖煮;小火烧5分钟后加入小油菜,改大火收汁,最后加入鸡精,出锅装盘。

③ 热油锅中加入青杭椒、红杭椒炒香,加香葱花后连锅端起,淋在烧好的鲈鱼上即可。

·营养贴士· 鲈鱼含蛋白质、脂肪、糖类等营养成分,还含有维生素 B_2、烟酸和微量的维生素 B_1、磷、铁等物质。

·操作要领· 将鱼去鳞剖腹洗净后,放入盆中倒一些黄酒,能使鱼滋味鲜美。

鸿运泥螺

主料 鲜活泥螺 800 克

配料 食用油、绍酒、酱油、味精、姜末、蒜末、胡椒粉、葱花、干红椒丝各适量

·操作步骤·

① 将泥螺用清水洗净待用。

② 将炒锅置旺火上，锅内放清水煮沸，倒入泥螺焯水，捞出沥干水分。

③ 另起锅，放少量食用油烧热，下入姜末、蒜末、干红椒丝略煸，加入泥螺翻炒，加入绍酒、酱油、胡椒粉、味精，煮沸后转小火焖煮入味，待汤汁将干撒上葱花即可。

·营养贴士· 泥螺味甘、咸，性微寒，有补肝肾、益精髓、生津润燥的功效。

杜仲鱼唇

主料 鱼唇 500 克

配料 杜仲30克，药酒、老抽、冰糖、味精、鸡油、上汤、葱丝、姜丝、水淀粉各适量

·操作步骤·

① 水发鱼唇放入热水中剔去筋，洗净后切块，加姜丝、葱丝、上汤上蒸笼蒸透。

② 杜仲洗净，加上汤慢火熬煮15分钟后去渣留汁。

③ 把杜仲汁和蒸透的鱼唇一起放入砂锅中，加老抽、冰糖、味精、上汤、药酒焖5分钟，用水淀粉勾芡，淋上鸡油即可。

·营养贴士· 杜仲对免疫系统、内分泌系统、中枢神经系统、循环系统和泌尿系统都有不同程度的调节作用。

杭椒鳝片

主 料 鳝鱼1条，青杭椒、红杭椒共150克，彩椒100克

配 料 姜丝、蒜蓉各少许，植物油、盐、蚝油、料酒、味精、白胡椒粉、汤、香油各适量

·操作步骤·

① 鳝鱼剖腹去内脏，用力从背上平拍成鳝条，用刀平推褪去鳝骨，再剁成约3厘米长的片，放在碗内，加入料酒、盐、味精抓匀腌渍；青杭椒、红杭椒洗净切段；彩椒洗净切条。

② 锅置火上，放植物油烧至四成热，投入鳝片，爆至卷缩起锅，捞出沥油。

③ 锅留底油，放姜丝、蒜蓉煸炒出味；下入蚝油炒透，加汤煮沸，下入青杭椒段、红杭椒段、彩椒条烧沸；将过油的鳝片倒入汤中略煮，撒上白胡椒粉，淋上香油即可。

·营养贴士· 鳝鱼有补气养血、温阳健脾、滋补肝肾、祛风通络等功效。

·操作要领· 鳝鱼片用料酒、盐、味精抓匀腌渍，既可以去腥，又可以增加鳝鱼的口感。

豉椒划水

主料 草鱼尾（划水）300克，笋片10克，鸡蛋2个

配料 盐2克，酱油4克，醋2克，干辣椒2克，豆豉10克，白糖、湿淀粉、鸡汤、色拉油各适量

·操作步骤·

① 划水用盐腌约10分钟，用湿淀粉、鸡蛋液上浆；干辣椒切段。

② 起锅放色拉油烧至八成热，放入划水炸至金黄色，捞出。

③ 锅中留底油，放干辣椒段爆香，放豆豉、划水、笋片、酱油、醋、白糖煸炒，放鸡汤用微火焖透，用湿淀粉勾芡即可。

·营养贴士· 对于身体瘦弱、食欲不振的人来说，草鱼肉嫩而不腻，可以开胃、滋补。

红焖鳙鱼头

主料 鳙鱼头1个

配料 盐、味精、白胡椒粉、姜、香葱、绍酒、熟猪油、高汤各适量，香菜少许

·操作步骤·

① 鳙鱼头处理干净；姜洗净切片；香菜洗净切段；香葱洗净切末。

② 锅置旺火上，注入熟猪油，下入姜片、香葱末煸炒出香气；放入鱼头，加入高汤、绍酒，煮至汤汁浓白、鱼头松软时下入味精、盐、白胡椒粉、香葱末。

③ 鱼头及汤汁盛入砂锅内，置小火上煮5分钟，撒上香菜即可。

·营养贴士· 鳙鱼含有维生素 B_2、维生素 C、钙、磷、铁等营养物质，对心血管系统有保护作用。

沸腾鱼

主 料 草鱼1条，黄豆芽500克

配 料 鸡蛋清、干灯笼椒、花椒、姜末、蒜末、葱花、植物油、盐、味精、料酒、酱油、生粉、白糖、胡椒粉各适量

·操作步骤·

① 将鱼杀好洗净，剁下头、尾，将两面鱼肉片成片，并把剩下的鱼排剁成几块，将鱼片用少许盐、料酒、生粉和鸡蛋清抓匀，腌15分钟；将黄豆芽洗净，焯一下，捞入容器中，撒一点盐备用。

② 锅中放平常炒菜三倍的植物油，油热后，放入姜末、蒜末、葱花爆香，用中小火煸炒出味；加水，放入鱼头、尾及鱼排，加料酒、酱油、胡椒粉、白糖、盐和味精调味，用大火烧开；再放入鱼片，5分钟左右关火，把煮好的鱼及全部汤汁倒入盛有豆芽的容器中。

③ 另起锅，多倒些油烧热，下花椒及干灯笼椒，用小火慢慢炒出香味，待灯笼椒颜色快变时，立即关火，将它们一起倒入盛鱼的容器中，撒入葱花即可。

·营养贴士· 草鱼对肿瘤有一定的防治作用。

·操作要领· 鱼片要厚薄均匀，煮至断生即可，时间长了不够鲜嫩。

葱辣**蛙腿**

主料 牛蛙腿 300 克，红杭椒 50 克

配料 花生油 500 克（实用 100 克），葱
段 15 克，姜片 10 克，酱油 5 克，
醋 3 克，盐 2 克，麻油 6 克，白糖
5 克，鸡汤 50 克，绍酒 18 克，辣
椒油 8 克，熟白芝麻适量

·**操作步骤**·

① 把蛙腿去小腿部分和连着的脊骨，洗净，
加入葱段、姜片、绍酒、酱油腌渍后用
花生油炸至熟；红杭椒洗净切段备用。

② 热油锅内倒入花生油，待油热后，放入
葱段、姜片爆香，放入绍酒、白糖、盐、
酱油、醋、鸡汤、蛙腿和红杭椒焖煮，
至汤干时再加入麻油、辣椒油拌匀，撒
上熟白芝麻即可。

·**营养贴士**· 牛蛙有滋补解毒的功效，消化
功能差或胃酸过多的人以及体
质弱的人可以用来滋补身体。

沙茶**鱼头锅**

主料 鲢鱼头 1 个

配料 葱 1 根，姜 5 片，红辣椒 2 个，沙
茶酱 15 克，酒 15 克，盐 3 克，油
10 克

·**操作步骤**·

① 鲢鱼头洗净切大块，加少许盐腌 30 分钟；
葱切葱花；红辣椒洗净切小圈。

② 锅中放油烧热，放姜片爆香，倒入鱼头块，
煎至五分熟（两面略焦），放入沙茶酱，
加清水没过鱼头，小火熬煮 30 分钟左右，
起锅前加入酒、盐，撒上红辣椒圈、葱
花即可。

·**营养贴士**· 鱼头肉质细嫩、营养丰富，除
了含蛋白质、脂肪、钙、磷、铁、
维生素 B_1 外，还含有鱼肉中所
缺乏的卵磷脂。

酸菜鱼

主 料▶ 草鱼 1 条，四川酸菜
400 克，鸡蛋 1 个

配 料▶ 熟白芝麻、葱、泡姜、
蒜、泡椒、料酒、水
淀粉、胡椒粉、盐、
花椒、油、灯笼椒、
糖、高汤各适量

·操作步骤·

① 草鱼宰杀洗净，去鱼头，剔骨，取下两
面净鱼肉，鱼头从中间剁开，鱼骨剁成
小块，鱼肉顺着鱼尾方向斜刀片成薄片；
将片好的鱼片加料酒、胡椒粉、少量盐、
蛋清及少许水淀粉抓匀，腌渍 10 分钟，
鱼头、鱼骨也可以用料酒和胡椒粉稍微
腌渍去腥；葱切段及少许葱花，四川酸
菜片薄后切成小段。

② 炒锅加油烧热，爆香葱段、蒜，加泡椒、
泡姜、灯笼椒炒香，下酸菜煸炒 8 分钟，
加高汤，放少许糖提鲜，煮至沸腾，下
入鱼头、鱼骨，煮 10 ~ 15 分钟，用漏
勺将鱼骨和酸菜先盛到大盆里。

③ 转小火，将腌渍好的鱼片抖开下到汤中，
开中火，待鱼片变白、汤汁稍微沸腾后，
将汤和鱼片一起倒在酸菜上。

④ 另起锅加适量油烧热，放入适量花椒和
泡椒煸炒出香味后，趁热浇在酸菜鱼表
面，撒上熟白芝麻、葱花即可。

·营养贴士· 酸菜最大限度地保留了原
有蔬菜的营养成分，富含
维生素C、氨基酸、有机酸、
膳食纤维等营养物质。

·操作要领· 将腌渍好的鱼片抖开下到
汤中，不要过分搅拌，以
免鱼肉碎掉。

冷锅鱼

主料 鲜鱼 1 条，芹菜 100 克，榨菜 50 克

配料 油 30 克，郫县豆瓣（剁碎）30 克，泡姜（切片）20 克，蒜末 10 克，酱油 8 克，花椒 15 克，糖 10 克，灯笼椒、料酒、葱段、鸡精、淀粉、骨汤、盐、蛋清各适量

·操作步骤·

① 将鱼收拾干净以后，鱼头对剖，鱼肉切片，用淀粉和蛋清腌渍；芹菜洗净切段。

② 将炒锅烧热放入油，烧至八成热，放入郫县豆瓣炒香，放入泡姜、榨菜、蒜末、葱段、花椒、灯笼椒炒香；加入骨汤烧开，加入料酒、酱油、盐、糖、鸡精调味，汤煮开后转小火加盖稍微炖煮一会儿。

③ 将鱼放入汤中煮至熟，关火，放入芹菜段即可。

·营养贴士· 芹菜富含蛋白质、糖类、胡萝卜素、B 族维生素、钙、磷、铁、钠等营养物质。

·操作要领· 汤煮开后转小火加盖稍微炖煮一会儿，让佐料的味道释放出来。

鸳鸯马蹄

主料▶ 虾仁 300 克，马蹄 200 克，肥膘肉 75 克，鸡蛋清 50 克，胡萝卜丁、菠萝丁各少许

配料▶ 味精、盐各 5 克，湿淀粉（玉米）10 克，猪油（炼制）15 克

·操作步骤·

① 马蹄削皮，肥膘肉剁成泥放入冰箱冻硬，虾仁剁烂。

② 盆里放盐、味精，加虾仁拌匀，往一个方向搅动，加入冻肥肉，再拌匀，稍冻一下成虾馅。

③ 取出虾馅，捏成球形，用手蘸少许蛋清抹平虾馅不光滑的地方，放在马蹄上摆好放在盘中，入笼蒸 6 分钟，端出来，滗出汤汁。

④ 炒锅内放油烧热，倒入汤，加入调味，将打散的蛋清、湿淀粉混合芡淋在马蹄上，撒上胡萝卜丁和菠萝丁即可。

·营养贴士· 虾仁具有补肾壮阳、健胃的功效，熟食能温补肾阳。

·操作要领· 虾仁和肉要剁烂一点，这样口感会更好。

麻辣蔬菜虾锅

主料 白虾200克，豆腐、香菇、菠菜各100克，红辣椒5个

配料 葱、姜、蒜、花椒各少许，高汤、盐、生抽、味精、植物油各适量

·操作步骤·

① 白虾处理干净，豆腐切块，菠菜、红辣椒洗净切段，香菇洗净去蒂，葱、姜、蒜切末。

② 锅中倒植物油烧热，放入葱末、姜末、蒜末、花椒爆香，倒入白虾翻炒至五成熟，放入红辣椒段、菠菜、香菇一起翻炒。

③ 将豆腐放入锅内，加盐、味精、生抽调味，倒入高汤煮至所有材料全熟即可。

·营养贴士· 白虾通乳的作用较强，并且富含磷、钙，对儿童、孕妇有补益功效。

鲅鱼白萝卜

主料 白萝卜、鲅鱼各200克

配料 植物油、蒜汁、姜汁、盐、香油、胡椒粉、料酒、高汤各适量，香菜少许

·操作步骤·

① 鲅鱼处理干净，切块入植物油锅烹炸。

② 白萝卜切滚刀块，用开水焯一下捞出；香菜切段。

③ 锅内注植物油烧热，倒入蒜汁、姜汁，放入鱼块、白萝卜块，加高汤炖熟，去浮沫。

④ 加盐、香油、胡椒粉、料酒，撒上香菜段即可。

·营养贴士· 鲅鱼肉质细腻、味道鲜美、营养丰富，含丰富蛋白质、维生素A、矿物质等营养元素。

豆瓣海蜇头

主料 海蜇头 100 克，豌豆 50 克

配料 葱花、香油、盐、味精各适量

操作步骤

① 准备所需主材料。

② 把海蜇头入清水浸泡，然后用沸水焯熟，捞出沥干水分，摆入盘中。

③ 把葱花、香油、盐、味精搅拌在一起配成料汁。

④ 将豌豆煮熟摆在海蜇头上，倒入调好的料汁即可。

烹饪心得

营养贴士：海蜇性平，营养丰富，多痰、哮喘、头风、风湿性关节炎、高血压、溃疡病、大便燥结的患者更适合多吃海蜇。

操作要领：海蜇焯熟即可，焯老了会影响口感。

海鲜锅仔茶树菇

主料 干茶树菇 150 克，蛤蜊 100 克，基围虾仁、火腿、蟹棒各 30 克

配料 香辣酱 30 克，味精 5 克，酱油 6 克，干辣椒段、白糖各 8 克，蚝油 10 克，高汤 500 克，色拉油 15 克

·操作步骤·

① 茶树菇剪去老根，放入开水中浸泡 1.5 小时，取出后洗净加入高汤小火煲 2 小时。

② 蛤蜊类洗净入沸水中余 1.5 分钟后取出；基围虾仁、火腿分别入沸水中焯烫后取出；蟹棒入沸水中焯烫 2 分钟后取出。

③ 锅内放入色拉油，烧至七成热，放入香辣酱、味精、酱油、白糖、蚝油、干辣椒段煸炒出香，然后放入茶树菇、蛤蜊、基围虾仁、火腿、蟹棒小火炒 5 分钟，取出后放入锅仔内，边加热边吃即可。

·营养贴士· 茶树菇含有人体必需的 8 种氨基酸、丰富的 B 族维生素及钾、钠、钙、镁、铁、锌等微量元素。

酸菜烧鱼肚

主料 鱼肚 200 克，酸菜 150 克

配料 清汤 80 克，生抽 10 克，姜片、干辣椒各 15 克，盐 5 克，鸡精 3 克，植物油适量，水淀粉少许

·操作步骤·

① 鱼肚洗净，过一下沸水，至断生后捞出。

② 酸菜过一遍清水，切成段；干辣椒洗净，切段。

③ 炒锅中置油烧热，将姜片、干辣椒段、鱼肚一同下锅翻炒 1 分钟，下酸菜煸炒至熟，加盐、生抽、清汤炒匀，撒上鸡精，用水淀粉勾芡即可。

·营养贴士· 此菜有增强体质、抗癌的功效。

砂锅鱼头粉皮

主料 鲢鱼头 1 个, 粉皮、金针菇各适量

配料 色拉油 100 克, 香油、香醋各 5 克, 盐 4 克, 味精 3 克, 酱油 8 克, 白糖 10 克, 料酒 10 克, 豆瓣酱 15 克, 葱、姜各 10 克, 鸡汤、干辣椒、花椒各适量

·操作步骤·

① 鲢鱼头抠去鳃, 洗净, 剁成块, 加少许盐、料酒、酱油腌渍 10 分钟; 金针菇洗净撕成缕, 与粉皮分别放在开水锅内烫透, 沥去水; 干辣椒切段; 葱切段; 姜切片。

② 锅内放入色拉油烧至五成热, 放入鱼头,

煎至两面金黄色, 倒入漏勺内控净油后放入大号砂锅内垫底备用。

③ 锅内留底油, 放入葱段、姜片、干辣椒段、花椒稍煸, 倒入豆瓣酱稍煸, 烹入料酒和酱油, 加入鸡汤, 烧开, 撇去浮沫, 再放入盐和白糖, 调好口味。

④ 把汤倒入盛鱼头的砂锅内, 微火炖 35 分钟后加入味精, 再放入烫过的粉皮、金针菇, 略煮片刻, 滴入香醋和香油即可。

·营养贴士· 鲢鱼味甘, 性温, 能补脾益气, 暖胃。

·操作要领· 调料中要使用山西香醋, 可以去腥提鲜。

番茄锅巴虾仁

主 料 虾仁 175 克，锅巴 100 克，番茄 30 克，黄瓜 20 克，木耳 5 克

配 料 湿淀粉 20 克，黄酒、醋、番茄酱、盐、白糖、味精、菜籽油各适量

·操作步骤·

① 虾仁洗净盛入碗中；木耳泡发撕片；黄瓜去皮切丁；番茄洗净切块。

② 锅巴掰成小块，倒入炒锅，用微火烘烤，直至变脆。

③ 锅中热油，下入虾仁翻炒，加入木耳、黄瓜丁、番茄，继续翻炒。

④ 下入黄酒、番茄酱、白糖、醋、味精、盐翻炒，以湿淀粉勾芡，下入锅巴翻炒均匀即可。

·营养贴士· 此菜有益气滋阳、美容养颜的功效。

腐竹焖草鱼

主 料 草鱼 500 克，腐竹 200 克

配 料 盐、鸡精、葱、姜汁、料酒、生抽、淀粉、植物油各适量

·操作步骤·

① 草鱼洗净后切块；腐竹泡发；葱切末。

② 用盐、料酒、鸡精、姜汁配制酱汁，腌渍鱼块，用淀粉在鱼块上上浆；锅内加植物油，放入鱼块煎至金黄色。

③ 下腐竹，加清水、料酒、盐、生抽、姜汁，将鱼焖熟。

④ 起锅前用鸡精调味，撒葱末即可。

·营养贴士· 腐竹富含的谷氨酸具有良好的健脑作用，它能预防老年痴呆症的发生。

营养豆制品

川北凉粉

主 料 凉粉 200 克

配 料 黑豆豉 50 克，豆瓣酱 20 克，菜油 55 克，白糖 5 克，鸡精 3 克，香油 5 克，盐 4 克，醋 15 克，生抽 5 克，花生碎、蒜泥各少许

·操作步骤·

① 凉粉洗净，切成中等大小的块，摆放在盘子中。

② 锅烧热放菜油，将豆瓣酱、黑豆豉放入锅中炒香，加入白糖、鸡精调味，盛出晾凉，随后加入醋、盐、生抽、香油、蒜泥、花生碎拌匀，作为凉粉调料。

③ 将做好的调料浇在凉粉上即可。

·营养贴士· 夏季吃凉粉消暑解渴，冬季吃凉粉加入辣椒可祛寒。

干鱿拌腐皮

主 料 干鱿鱼片、豆腐丝各 150 克，黄瓜 50 克

配 料 辣椒油 15 克，麻油 10 克，白醋 5 克，盐 5 克，鸡精 3 克，蒜末适量

·操作步骤·

① 干鱿鱼片清洗干净，趁表面有水在微波炉里烤 30 秒左右，翻面继续烤 30 秒，听到发出哗啵的声响即可取出，晾凉。

② 将烤好的干鱿鱼片切成丝；豆腐丝切成段；黄瓜切成丝，放入一个大碗中。

③ 在碗中加入辣椒油、麻油、少许盐、鸡精、白醋、蒜末，拌匀即可。

·营养贴士· 此菜既可以补充植物蛋白，又可以补充动物蛋白，营养非常全面。

什锦肉丝拉皮

主料 拉皮 150 克，胡萝卜、黄瓜、白萝卜、香椿、瘦猪肉各 50 克，干木耳 10 克，鸡蛋 1 个，香菜 50 克，海米 30 克

配料 白糖 3 克，盐 3 克，鸡精 3 克，辣椒油、酱油各少许，植物油、蒜、醋各适量

·操作步骤·

① 木耳用温水泡发，海米用开水涨发待用；鸡蛋打散，放入不粘锅中摊成薄薄的蛋饼。

② 瘦猪肉、蛋饼、黄瓜、胡萝卜、白萝卜、木耳分别切成细丝；香菜、香椿切成段；拉皮切成宽条；蒜切成末。

③ 木耳、香椿分别放入沸水锅中焯水；锅烧热倒植物油，放猪肉丝炒一下，出香味后加入酱油、鸡精、少许盐翻炒出锅，晾凉。

④ 各类蔬菜丝和蛋饼丝、海米整齐地码入盘中，拉皮放在中间，肉丝放在拉皮上。

⑤ 以蒜末、白糖、辣椒油、醋、适量盐调成酱汁，淋在肉丝和拉皮上即可。

·营养贴士· 此菜具有滋阴、清肺、健脾、通气、开胃、解腻的功效。

·操作要领· 此菜也可将食材搅拌在一起，这样比较有味道。

十香拌菜

主料 干豆腐、青笋各
100克，胡萝卜、
白萝卜各50克，
青椒、红椒共50
克

配料 香菜10克，盐、
味精、酱油、醋、
蒜泥、辣油、葱油、
熟芝麻各适量

·操作步骤·

① 干豆腐、青笋、胡萝卜、
白萝卜、青椒、红椒、香
菜用清水洗净，沥干水，
分别切丝，放入容器中。

② 调入盐、味精、酱油、醋、
蒜泥、辣油、葱油、熟芝
麻，搅拌均匀即可。

·营养贴士· 此菜材料众多，营养均衡，可增强免疫力。

·操作要领· 干豆腐、青笋、胡萝卜、白萝卜、青椒、
红椒、香菜切丝的时候要切得粗细均匀一
些，这样味道比较均衡。

莴笋三丝

主料 豆干 150 克，胡萝卜 80 克，莴笋 80 克，红椒 50 克

配料 盐、白糖各 5 克，白醋、生抽、鸡精、香油各适量

·操作步骤·

① 豆干切成细丝；胡萝卜、莴笋、红椒洗净，切成细丝。

② 将切好的豆干、胡萝卜、莴笋分别焯水，沥干水分装入盘中。

③ 加入红椒丝，放盐、白糖、白醋、生抽、鸡精、香油搅拌均匀即可。

·营养贴士· 莴笋可以提高人体血糖代谢功能，防治贫血，还有增进食欲、刺激消化液分泌、促进胃肠蠕动等功效。

·操作要领· 豆干丝、胡萝卜丝、莴笋丝焯熟即可，不要焯太长时间，否则影响口感。

清蒸豆腐丸子

主 料▶ 豆腐 200 克，肥瘦肉 50 克

配 料▶ 马蹄、盐、料酒、味精、糖、姜
末、水淀粉各适量

·操作步骤·

① 豆腐洗净捣碎成豆腐泥；马蹄洗净去皮
切碎；肥瘦肉切末。

② 猪肉末放入碗中，加入盐、糖、味精、
料酒搅拌均匀，豆腐泥也放入肉末中，
放入马蹄碎、姜末、盐，加入水淀粉搅
拌成馅备用。

③ 豆腐馅挤成丸子，放入蒸锅，大火蒸 10
分钟即可。

·营养贴士· 豆腐高蛋白，低脂肪，具有降
血压、降血脂、降胆固醇的功
效。

吊锅腊八丝

主 料▶ 腊八豆腐 500 克，青菜心、火腿丝
各少许

配 料▶ 高汤、盐、鸡精、白糖各适量

·操作步骤·

① 腊八豆腐切成细丝；青菜心择洗干净。

② 砂锅中放入高汤、豆腐丝煨煮，下盐、
鸡精、白糖调味。

③ 加入青菜心、火腿丝稍煮片刻即可。

·营养贴士· 长期食用腊八豆腐，可以改善
人们的饮食，调理营养平衡，
而且易于消化，对于儿童的智
力开发，中年人的养颜壮骨，
老年人的抗衰老、延年益寿具
有特殊功效。

肥肠炖豆腐

主 料 北豆腐 400 克，肥肠 150 克

配 料 葱、姜、青蒜、酱油、盐、料酒、花椒、味精、红油、香油、高汤、猪油各适量

·操作步骤·

① 将肥肠切成段，放入沸水锅内焯一下捞出，沥干水分；豆腐切成块，用沸水焯一下；葱、姜切成末；青蒜切段。

② 将锅置于旺火上，放入猪油烧热，用葱末、姜末炝锅。

③ 锅内放入肥肠段煸炒，添入高汤，加入酱油、盐、料酒、花椒，再放入豆腐、青蒜，烧开后转中火炖 15 分钟。

④ 加入味精、红油，再炖 3 分钟，淋上香油即可。

·营养贴士· 肥肠有润燥、补虚、止渴止血的功效，可用于治疗虚弱口渴、脱肛、痔疮、便血、便秘等症。

·操作要领· 如果没有高汤可用清水代替。

香炸**豆腐丸子**

主 料 豆腐 400 克，瘦肉 200 克，胡萝卜、
鸡蛋清各适量

配 料 盐、葱、姜、嫩肉粉、蚝油、料酒、
胡椒粉、植物油各适量

·操作步骤·

① 瘦肉、胡萝卜洗净剁碎；葱、姜切末；
豆腐放清水内浸泡一会儿再用汤勺压成
泥，挤干水分备用。

② 将所有主料、配料放入盆中，用筷子朝
一个方向搅拌上劲静置一会儿。

③ 锅内加植物油烧至五成热，用手挤出丸
子，下入油锅小火炸至金黄，捞出沥油
即可。

·营养贴士· 豆腐主治宽中益气，可调和脾
胃、消除胀满、通大肠浊气、
清热散血。

湘辣**豆腐**

主 料 豆腐 300 克，红辣椒 2 个

配 料 干辣椒 2 个，香葱 1 棵，蒜末 15 克，
植物油 40 克，酱油 3 克，豆豉 10 克，
盐、白糖各 2 克，味精 3 克

·操作步骤·

① 豆腐切成四方小块；红辣椒去籽、切圈；
香葱切花；干辣椒切段。

② 炒锅放植物油烧热，放入豆腐块，炸至
金黄捞出备用。

③ 炒锅留少许植物油，下入蒜末、红辣椒圈、
干辣椒段和豆豉后，倒入炸过的豆腐，
加入酱油、白糖、盐、味精炒匀，撒上
葱花即可。

·营养贴士· 此菜具有降压、降脂的功效。

鸡汁烧豆腐

主料 豆腐 1 块，青椒半个，蛋清 50 克

配料 鸡汤 200 克，盐 5 克，味精 5 克，鸡精 4 克，鸡汁 6 克，生粉 10 克，植物油、辣椒酱、葱花、姜末各适量

·操作步骤·

① 豆腐洗净，切成 2 厘米宽、4 厘米长、1 厘米厚的块，裹上蛋清，入六成热的油锅中小火炸 1 分钟至金黄色，然后放入调入盐味的鸡汤中浸泡 5 分钟至入味，装盘。

② 青椒洗净，切圈。

③ 锅内加入鸡汤烧开，加入盐、味精、鸡精、鸡汁、辣椒酱、葱花、姜末，熬煮片刻至入味后，用生粉勾芡，淋于装盘的豆腐上。

④ 撒上青椒圈即可。

·营养贴士· 此菜有健脑补钙、促进生长的功效。

·操作要领· 豆腐的大小要切得均匀，这样入味比较一致。

米豆腐烧猪血

主 料 米豆腐1块，猪血1块

配 料 植物油、老抽、花椒粉、辣椒粉、
葱花、淀粉、盐各适量

·操作步骤·

① 米豆腐、猪血洗净，切块，焯水捞出。

② 锅内放油烧热，放入葱花、盐、辣椒粉、
花椒粉、老抽，煎1分钟左右，加入适
量清水煮沸。

③ 倒入焯好的猪血和米豆腐，慢火煮至米
豆腐、猪血入味，以淀粉加水勾芡即可。

·营养贴士· 此菜有补血养血、清热解毒的
功效。

明太鱼豆腐煲

主 料 明太鱼、豆腐各适量

配 料 姜片、红辣椒段、料酒、酱油、蚝
油、盐、植物油各适量

·操作步骤·

① 明太鱼洗净切块，放入有植物油的煎锅，
煎到略微变黄。

② 鱼入石锅，加料酒、酱油、蚝油、姜片、
红辣椒段、豆腐。

③ 石锅添满水，盖上盖，大火炖开锅后，
转小火煮10分钟，加盐调味即可。

·营养贴士· 豆腐宽中益气，可调和脾胃、
消除胀满、通大肠浊气、清热
散血。

虾头烧豆腐

主料▶ 豆腐1块，虾头适量

配料▶ 植物油、葱花、盐、胡椒粉各适量

·操作步骤·

① 豆腐切成长4厘米，宽1厘米的长条；虾头洗净。

② 开火烧锅，放入植物油烧热后，将虾头下锅干煸。

③ 放入豆腐干煸一下，加入适量清水。

④ 汤快煮开的时候放入盐、胡椒粉，撒上葱花即可。

·营养贴士· 此菜有健脑益智、促进生长的功效。

·操作要领· 干煸虾头的时候，以将虾头中的虾油煸炒出来为度。

炸豆浆

主料 豆浆100克，面粉
200克

配料 植物油、鱼胶粉、
糖桂花、糖针、糖
粉、白糖、干淀粉
各适量，酵母粉、
泡打粉各少许

·操作步骤·

① 豆浆熬开后，放入白糖、
糖桂花、鱼胶粉，熬稠后
倒入饭盒，放入冰箱里冷
藏；面粉加水、酵母粉、
泡打粉，轻轻调匀做好脆
浆。

② 取出豆浆切成小块，裹上
干淀粉，拖脆浆。

③ 油锅烧热，放入豆浆块炸
至色泽金黄，捞出撒些糖
粉和糖针即可。

·营养贴士· 豆浆富含植物蛋白和磷脂、维生素 B_1、
维生素 B_2、烟酸及铁、钙等微量元素。

·操作要领· 调制的时候加入蜂蜜搅拌，味道更清香。

健康蔬菜

鸡油**明笋**

主 料 明笋 200 克

配 料 盐 2 克，味精 2.5 克，熟鸡油 25 克，葱花、香菜段各适量

· 操作步骤 ·

① 明笋洗净，切成条状。

② 锅内加水，烧开后，把笋条倒入锅中煮一下，捞出过凉白开，沥干水分装入容器中。

③ 放入盐、味精、熟鸡油搅拌均匀，撒上香菜段和葱花即可。

· 营养贴士 · 笋含有丰富的蛋白质、氨基酸、脂肪、糖类、钙、磷、铁、胡萝卜素、维生素等，为优良的保健蔬菜。

油泼**双丝**

主 料 胡萝卜 300 克，莴笋 100 克

配 料 干辣椒 10 克，盐 2 克，味精 1 克，植物油 15 克

· 操作步骤 ·

① 将胡萝卜、莴笋分别去皮，洗净，切成细丝。

② 锅内倒水，烧开后放入胡萝卜丝和莴笋丝焯水，捞出用凉开水过凉后放入盘中，加入盐、味精拌匀。

③ 干辣椒切成丝；锅内倒油烧热，放入干辣椒炒香，做成辣椒油。

④ 将辣椒油淋入盘中，拌匀即可。

· 营养贴士 · 胡萝卜能增强人体免疫力，有抗癌的作用，并可减轻癌症患者的化疗反应，对多种脏器有保护作用。

什锦**拌丝**

主料 黑木耳 10 克，海蜇 30 克，橘皮 40 克，莴苣丝 50 克，胡萝卜、心里美萝卜各 60 克

配料 白糖 5 克，陈醋、生抽各 10 克，盐适量

·操作步骤·

① 将海蜇用清水浸泡 10 小时，洗净，入沸水焯熟，切丝；黑木耳泡发，洗净切丝；橘皮洗净切丝；胡萝卜、心里美萝卜去皮，洗净，切丝。

② 分别将黑木耳丝、橘皮丝、莴苣丝、胡萝卜丝、心里美萝卜丝入沸水略焯，盛起沥水。

③ 将海蜇丝、黑木耳丝、橘皮丝、莴苣丝、胡萝卜丝、心里美萝卜丝分别码入盘中，加入白糖、陈醋、盐、生抽，拌匀即可。

·营养贴士· 此菜所含热量较少，纤维素较多，吃后易产生饱胀感，有助于减肥。

·操作要领· 海蜇一定要清洗干净，否则会影响口感。

干烧**冬笋**

主料 冬笋400克,胡萝卜15克,青豆、泡发香菇各少许

配料 植物油、葱末、高汤、料酒、豆瓣酱、盐、白糖、味精各适量

·操作步骤·

① 冬笋切片;香菇、胡萝卜切丁;豆瓣酱剁碎。

② 锅中热油,用葱末炝锅,下豆瓣酱炒出红油,加料酒、高汤、盐、白糖烧开。

③ 放入冬笋片、香菇丁、胡萝卜、青豆,烧开后用小火煨10分钟,改中火收汁,至汁尽油清时即可。

·营养贴士· 此菜具有止血凉血、清热解毒的功效。

麻辣**裙带菜**

主料 干裙带菜100克

配料 红辣椒、酱油、醋、胡椒粉、香油、盐各适量

·操作步骤·

① 干裙带菜放入清水浸泡,注意多换几次水。

② 红辣椒切碎。

③ 将泡好的裙带菜捞出,沥干水分,放入容器中。

④ 加入辣椒碎,放入酱油、醋、胡椒粉、香油、盐,拌匀即可。

·营养贴士· 此菜中含有多种营养成分,维生素、粗蛋白质含量均高于海带。

金钩四季豆

主 料▷ 四季豆300克，虾
仁适量

配 料▷ 植物油、辣豉油、
姜片、生抽、糖、
麻油、蒜蓉各适量

·操作步骤·

① 四季豆撕去蒂和老筋，洗净切成两段，
放入滚水中焯熟，沥干水分，上碟。

② 虾仁洗净，放通风处吹干。

③ 锅中放植物油烧热，放入蒜蓉、姜片、
虾仁，爆香，然后放在四季豆上。

④ 取一空碗，碗中放入辣豉油、生抽、糖、
麻油，搅拌均匀，制成调味料，然后将
调味料淋在四季豆和虾仁上，拌匀即可。

·营养贴士· 四季豆有调和脏腑、安养
精神、益气健脾、消暑化
湿和利水消肿的功效。

·操作要领· 四季豆一定要煮熟，否则
可能引起腹泻。

红花娃娃菜

主料 娃娃菜 1 棵，藏红花适量

配料 鸡汤、盐、熟鸡油各适量

·操作步骤·

① 娃娃菜整叶掰下，洗净，沥干水分，装入深盘中。

② 将鸡汤加盐搅匀，倒入装有娃娃菜的盘中，撒上藏红花，封上保鲜膜，入蒸笼蒸制 15 分钟取出，揭去保鲜膜，淋上熟鸡油即可。

·营养贴士· 此菜具有养胃生津、除烦解渴的功效。

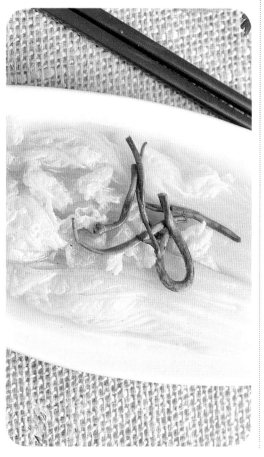

笋叶面疙瘩

主料 莴笋叶 250 克，小麦面粉 100 克

配料 盐 4 克，香油 2 克，蒜泥 10 克

·操作步骤·

① 把莴笋叶择洗干净，控净水，切成小段；加适量盐、小麦面粉调拌均匀。

② 上屉蒸 15 分钟后打开锅盖；翻拌一下，再蒸 10 分钟即好。

③ 吃的时候拌入蒜泥、香油即可。

·营养贴士· 小麦面粉主治补虚，长期食用可使人肌肉结实、增强气力。

紫衣薯饼

主 料 海苔、土豆、白芝麻各适量

配 料 盐、植物油、蚝油、水淀粉各适量

·操作步骤·

① 将土豆煮熟，去皮，捣成土豆泥，加盐搅拌均匀；将整张海苔剪成同等大小的方块。

② 将土豆泥用勺子铺在海苔上，再在上面铺一张海苔，制成薯饼。

③ 平底锅倒植物油烧热，放入薯饼，两面煎至金黄色。

④ 另起锅放少许油，倒入适量的蚝油搅匀，然后以水淀粉勾芡，淋在煎好的薯饼上，最后撒上熟白芝麻即可。

·营养贴士· 土豆具有健脾和胃、益气调中、缓急止痛、通利大便的功效。

·操作要领· 不喜欢吃芝麻的，也可以不放，它只是起点缀作用。

香煎黄花菜

主 料▶ 黄花菜 500 克，鸡蛋适量

配 料▶ 植物油、盐、面粉、姜丝、料酒各适量

·操作步骤·

① 黄花菜洗净，切成两截，放姜丝、料酒、盐腌 30 分钟。

② 碗内打入 1 个鸡蛋，加适量面粉搅拌成面糊。

③ 每三四根黄花菜一组，一次放入碗内，裹上面糊。

④ 锅倒油烧热，将裹好面糊的黄花菜一个接一个放入锅内，煎至金黄色即可。

·营养贴士· 常吃黄花菜能滋润皮肤，增强皮肤的韧性和弹力。

如意韭菜卷

主 料▶ 韭菜、平菇各适量

配 料▶ 面粉、葱、姜、蒜、盐、植物油各适量

·操作步骤·

① 面粉、水、盐混合均匀，和成光滑的面团，醒 30 分钟，擀成面皮；韭菜、平菇、葱、姜、蒜分别切末。

② 锅倒油烧热，放入葱、姜、蒜炒香，放入韭菜、平菇炒熟，制成馅料。

③ 将面皮切成长条，铺在桌上，放上馅料，顺一个方向卷起。

④ 锅倒油烧热，放入韭菜卷炸至金黄捞出，切小段即可。

·营养贴士· 韭菜有补肾助阳、温中开胃的功效。

鸡汁鸭舌
万年菇

主 料 白灵菇 300 克，鸭舌、油菜各适量

配 料 盐、鸡精、鸡清汤各适量

·操作步骤·

① 白灵菇洗净切长条；油菜洗净掰开，放入沸水锅中焯熟；鸭舌焯水备用。

② 锅中倒入鸡清汤，放入鸭舌、白灵菇，加盐、鸡精调味，以小火煮20分钟。

③ 煮好的白灵菇和鸭舌盛入碗中，四周放入油菜浇上鸡清汤即可。

·营养贴士· 白灵菇含有真菌多糖和维生素等生理活性物质及多种矿物质，具有调节人体生理平衡、增强人体免疫功能的功效。

·操作要领· 炖煮的时候加入蚝油进行调味，可以增鲜。

滚龙**丝瓜**

主料 丝瓜 500 克，蘑菇 100 克

配料 花生油、盐、味精、香油、水淀粉
各适量

·操作步骤·

① 选大拇指粗的细丝瓜，刮净外皮，洗净
切成 6 厘米长的段，剞兰花刀；蘑菇洗
净待用。

② 炒锅上火，加花生油烧至六成热时，下
入丝瓜滑油，捞出控净油；热锅留余油
少许，加入蘑菇煸炒一下，加清水烧开，
投入丝瓜，加盐、味精烧至入味后，将
丝瓜、蘑菇捞出，装入汤盘内，锅内菜
汁用水淀粉勾成薄芡，倒入香油，淋在
丝瓜上面即可。

·营养贴士· 此菜具有通乳止咳、养颜美容、
清热解毒的食疗效果。

酥肉**烩全蘑**

主料 口蘑、榛蘑、金针菇、小白蘑各
50 克，猪肉适量

配料 盐 4 克，味精 2 克，葱花、姜末各
少许，老汤、胡椒粉、植物油、白
醋、水淀粉各适量

·操作步骤·

① 将猪肉洗净，切块，放入水淀粉中裹匀，
入油锅炸至金黄色时，捞出沥油，即为
酥肉。

② 将口蘑、榛蘑、金针菇、小白蘑洗净；
入沸水锅中焯水，捞出沥水。

③ 锅中放入植物油烧热，下入葱花、姜末
炝锅，再加入老汤，放入口蘑、榛蘑、
金针菇、小白蘑、酥肉烧沸，然后加入盐、
味精、白醋、胡椒粉煮 5 分钟即可。

·营养贴士· 此菜有养血活血、增加免疫力
的功效。

韩国泡菜锅

主料 豆腐、金针菇、鲜虾、韩式泡菜、莴笋、胡萝卜各适量

配料 姜末、蒜蓉、盐、鸡精、韩式辣酱、高汤、植物油各适量

·操作步骤·

① 五花肉切片,豆腐切块,金针菇洗净撕条,莴笋去皮切片,胡萝卜切三角形片,虾洗净去虾线。

② 锅内下植物油烧热,放姜末、蒜蓉爆香,放入韩式辣酱炒出红油,然后将韩式泡菜放入一小锅内。

③ 把其他材料摆在上面,再放入高汤,放入盐使其增加一点咸味,盖上盖煮至开后,再转小火煮10分钟,最后放入少量鸡精即可。

·营养贴士· 金针菇含有较全的人体必需的氨基酸成分,其中赖氨酸和精氨酸含量尤其丰富,且含锌量比较高,对儿童的身高和智力发育有良好的作用。

·操作要领· 金针菇一定要煮熟,否则可能中毒。

如意白菜卷

主料 鲜白菜叶 100 克，鸡蛋 2 个，猪肉适量

配料 水淀粉、葱末、姜末、香油、盐、花椒面、味精各适量

·操作步骤·

① 将猪肉剁成馅，加盐、花椒面、葱末、姜末、味精、水淀粉、香油搅匀和成馅；白菜叶烫软，捞出投凉，沥干。

② 将鸡蛋磕入碗内，加少许水淀粉调成糊。

③ 将白菜叶铺在案板上，抹上一层鸡蛋糊，再将肉馅抹在白菜叶上，卷成圆柱形，共卷 2 卷，上屉蒸熟取出，晾凉，切成长 5 厘米的卷。

④ 锅放火上，加适量的水，加少许盐、味精，水开时用水淀粉勾芡，淋香油，浇在白菜卷上即可。

·营养贴士· 很少食用乳制品的人可以通过食用足量的大白菜来获得更多的钙。

佛手冬瓜

主料 冬瓜 500 克，蛋清、炼乳各适量

配料 盐、面粉、植物油各适量

·操作步骤·

① 冬瓜洗净削皮，先切成长 5 厘米、宽 5 厘米、厚 2 厘米的块，再将每一个冬瓜块平均片成 5 片，注意不要切断，底下留 2 厘米连在一起。

② 给每一片冬瓜都抹上少许盐，入味；面粉放在盆里，加水、蛋清搅拌成糊。

③ 锅倒植物油烧至五成热，将冬瓜的每一片都均匀地裹上面糊后，放在油锅里炸熟装盘，蘸上炼乳食用即可。

·营养贴士· 冬瓜性寒，味甘，可清热生津、解暑除烦，在夏日食用尤为适宜。

麻辣什锦汇

主 料 小蘑菇 100 克，白菜、西蓝花各 50 克，菜心 5 棵，白虾 5 只，青椒、红椒各 1 个

配 料 火锅底料 100 克，郫县豆瓣酱 30 克，花椒 10 克，姜 1 块，蒜 1 头，干红辣椒 10 个，橄榄油 30 克，香油 5 克，高汤 800 克，剁椒 20 克

·操作步骤·

① 蒜去皮洗净，切片；姜切片；小蘑菇去根洗净，青椒、红椒、白菜洗净切片；西蓝花洗净掰成小朵；菜心洗净。

② 炒锅放橄榄油，大火烧至七成热，放花椒略煸，再放入蒜片、姜片、干红辣椒、郫县豆瓣酱和剁椒翻炒；再把火锅底料掰成小块放入炒锅内，改小火炒出香味，加入高汤熬 10 分钟，放入小蘑菇和白虾煮 5 分钟；再放入青椒、红椒、菜心、西蓝花和白菜略煮 5 分钟关火，淋上香油即可。

·营养贴士· 西兰花可以有效降低乳腺癌、直肠癌、胃癌、心脏病和中风的发病率，还有杀菌和防止感染的功效。

·操作要领· 底料要炒出香味再倒入高汤。

生煎西红柿饼

主料 西红柿2个，五花肉、虾仁、水发冬菇、火腿、鸡蛋各适量

配料 干淀粉、味精、盐、料酒、猪油各适量

·操作步骤·

① 将西红柿切去两头，再切成片，洗净；冬菇洗净，用开水焯熟，晾凉；五花肉、虾仁、冬菇、火腿均剁成茸，放进碗里加入蛋清、味精、盐、料酒拌匀成馅料。

② 取一片西红柿，均匀地抹上一层馅料，盖上一片西红柿，涂上蛋液放进干淀粉中拌一拌。

③ 平底锅烧热放入猪油，将西红柿排入锅内煎制，用小火煎至两面熟透即可。

·营养贴士· 西红柿具有止血、降压、利尿、健胃消食、生津止渴、清热解毒、凉血平肝的功效。

香炸土豆盒

主料 土豆2个，猪肉馅、鸡蛋各适量

配料 小麦面粉、料酒、酱油、盐、胡椒粉、姜粉、葱末、淀粉、玉米油各适量

·操作步骤·

① 猪肉馅加料酒、酱油、少许清水搅拌至稍微黏稠，加入盐、胡椒粉、姜粉、葱末拌匀。

② 土豆去皮洗净，按照一刀断一刀连的方法切成片，在相连的土豆片中间塞入肉馅。

③ 用面粉、淀粉、鸡蛋、少许盐和清水调成面糊，土豆肉夹裹满面糊。

④ 锅中放足量玉米油，烧至五成热时放入土豆盒，炸至金黄色即可。

·营养贴士· 马铃薯的块茎含有高品质的蛋白质和赖氨酸、色氨酸、组氨酸、精氨酸、苯丙氨酸、缬氨酸、亮氨酸、异亮氨酸、蛋氨酸等。

肉碎豉椒**炒豇豆**

操作步骤

主料▶ 豇豆 200 克，肉馅、红辣椒各适量

配料▶ 豆豉、姜、葱、食用油、盐、味精各适量

准备所需主材料。

将红辣椒切丁；葱、姜分别切末；把豇豆洗干净后，切成小丁。

锅内放入适量食用油，烧热后放入葱末、姜末爆香，下入肉末、豆豉、辣椒丁翻炒。

放入豇豆，翻炒至熟后放入盐、味精调味即可。

烹饪心得

营养贴士：豇豆含有蛋白质、脂肪、淀粉、维生素、矿物质等，具有健脾益胃、补肾益精等功效。

操作要领：豇豆在炒制前，需放入开水锅内焯烫一下。

红烧茄子

主　料▶ 茄子 350 克，瘦肉 100 克，红椒 1 个

配　料▶ 白糖、酱油、水淀粉、鸡精、植物油、盐各适量，香菜少许

·操作步骤·

① 茄子去把儿、去顶，切成 5 厘米长的条状；瘦肉洗净切丝；红椒洗净切条；香菜洗净切末备用。

② 起热锅，放入植物油，待油烧至六成热时，将茄子条倒入油锅内，炸干水分后，倒入漏勺，沥去油。

③ 锅内留少许余油，将肉丝下锅炒散后，加入茄子炒匀，再加入红椒，放入盐、酱油、白糖、鸡精，下水淀粉勾芡，起锅装盘，撒上香菜即可。

·营养贴士· 此菜有防治胃癌、延缓衰老的功效。

·操作要领· 茄子比较吃油，所以炸茄子时要多放些油。

南瓜杂菌盅

主料 小南瓜1个，香菇、草菇、鸡腿菇各适量，青椒、红椒各1个

配料 姜末、盐、蘑菇精、胡椒粉、植物油各适量

·操作步骤·

① 南瓜有把儿的一头切开，另一头切平，放于盘中，挖掉中间的籽和瓤，放入锅中用小火蒸至可用筷子扎透，取出摆在盘中备用；将各类菇洗净，一切为二；青椒、红椒切丁。

② 起锅热油，爆香姜末，放入所有的菇爆炒，加入青椒、红椒翻炒，放入盐、蘑菇精和少许胡椒粉调味，再加一点点水炒出汁，倒入小南瓜盅中即可。

·营养贴士· 南瓜有防治高血压、糖尿病、肝脏病变及提高人体免疫能力的功效。

·操作要领· 菌菇的种类可以自己搭配；蒸南瓜的时间不用太长。

炸**茄盒**

主 料 ➡ 茄子2个，鸡蛋
2个，猪肉适量

配 料 ➡ 面粉少许，油、
葱花、姜末、盐、
蒜末、料酒各适
量

·操作步骤·

① 将茄子切成直径6厘米，厚2厘米的圆片；
猪肉剁泥，加鸡蛋、葱花、姜末、盐、蒜末、
料酒，往一个方向搅拌至上劲成肉馅；
鸡蛋打散，加入面粉调成糊。

② 取一块茄片，在上面抹一层肉馅，再在
肉馅上盖一块茄片制成茄盒。

③ 锅中放油，烧温热，将茄盒放入蛋糊中
裹匀，逐个放入油锅中，炸熟捞出即可。

·营养贴士· 茄子具有止痛活血、清热
消肿、解痛利尿及防止血
管破裂、平血压、止咯血
等功效。

·操作要领· 茄盒炸好后可以在表面撒
一层四川辣椒粉，口感香
辣，可以开胃下饭。

炸 **韭菜丸子**

主 料 小麦面粉 200 克，韭菜 50 克，鸡蛋 1 个

配 料 盐、鸡精各 3 克，十三香 5 克，植物油适量

·操作步骤·

① 用磨碎机将韭菜磨碎，打入鸡蛋，加入盐、十三香和鸡精，倒入面粉搅拌成馅。

② 锅倒油烧，热至九成热，用手抓一把丸子馅，从虎口处挤出丸子，放入锅中，炸至丸子金黄，出锅沥油即可。

·营养贴士· 韭菜含有挥发性精油及硫化物等特殊成分，散发出一种独特的辛香气味，有助于疏调肝气、增进食欲、增强消化功能。

·操作要领· 蔬菜易熟，炸的时间不宜太久，稍微泛黄，即可捞出。

脆皮西葫芦丸子

主 料▶ 西葫芦 2 个

配 料▶ 盐、黄酒、姜汁、麻椒水、淀粉、
　　　　植物油各适量

·操作步骤·

① 西葫芦擦成丝，用开水烫过挤去水分，
　放在碗内，加入盐、黄酒、麻椒水、姜
　汁拌均匀。

② 西葫芦丝中加少许淀粉，团成丸子。

③ 锅倒油烧热，将团好的丸子逐个放入锅
　内炸至淡黄色即可。

·营养贴士· 西葫芦具有除烦止渴、润肺
　　　　　　止咳、清热利尿、消肿散
　　　　　　结的功效。

·操作要领· 西葫芦中的水分一定要挤
　　　　　　净，否则容易散。

山药百烩

主料 山药 300 克，鲜香菇 100 克，胡萝卜 150 克，芹菜、彩椒、小白菜各少许

配料 植物油、盐各适量

·操作步骤·

① 将山药削皮切片；胡萝卜切片；彩椒去籽切片；香菇汆烫后切成大片；芹菜、小白菜切段。

② 锅里放少量植物油，先炒胡萝卜、芹菜、小白菜、彩椒和香菇，后放山药翻炒，可加入适量水，最后用盐调味即可。

·营养贴士· 此菜具有补肾涩精、防癌抗癌的功效。

·操作要领· 山药削完皮之后要尽快放进清水中，以免山药变黑。

剁椒粉丝
蒸茄子

主料 茄子 200 克，粉丝 100 克，香菇 30 克，虾仁 10 克

配料 剁椒、食用油各适量

操作
步骤

准备所需主材料。

将香菇切成小块；将茄子切成 5 厘米长的条；将虾仁切碎。

将泡好切段的粉丝铺在盘底，将茄子过油后装盘，把虾仁和香菇放在茄子上，最后浇上剁椒。

上锅蒸 10 分钟即可。

烹饪心得

营养贴士：茄子营养丰富，含有蛋白质、脂肪、糖类、维生素以及钙、磷、铁等多种营养成分。

操作要领：蒸的时间不宜太长，因为茄子用油炸过后就变成八成熟了。